明仔玩军事 百科图解

枪械知识

瀚鼎文化工作室◎编著

航空工业出版社

北京

内 容 提 要

本书是一本非常实用的枪械使用指南，从对枪械的认识、选择，到入门技巧、进阶技巧，内容涉及了枪械的构成、各个零部件的作用等，着重介绍了枪械的实际应用。本书旨在告诉读者，对枪械的认知不仅仅是局限于枪械的参数，还有许多不为人所深知的窍门值得探索。

图书在版编目（CIP）数据

百科图解枪械知识 / 瀚鼎文化工作室编著. -- 北京：航空工业出版社，2014.1（2018.11重印）
ISBN 978-7-5165-0284-6

Ⅰ. ①百… Ⅱ. ①瀚… Ⅲ. ①枪械－世界－图解 Ⅳ. ① E922.1-64

中国版本图书馆 CIP 数据核字（2013）第 266917 号

百科图解枪械知识
Baike Tujie Qiangxie Zhishi

航空工业出版社出版发行
（北京市朝阳区北苑 2 号院　100012）
发行部电话：010-84936597　010-84936343
北京世汉凌云印刷有限公司印刷　全国各地新华书店经售
2014 年 1 月第 1 版　2018 年 11 月第 4 次印刷
开本：710 × 1000　1/16　印张：12　字 数：202 千字
印数：11501—14500　定 价：35.80 元
（凡购买本社图书，如有印装质量问题，可与发行部联系调换）

编者的话

本书并不像以往介绍枪械的图书那样挑选许多经典枪械一一介绍，而是立足于枪械应用知识，从枪械的认识、选择，到入门技巧、进阶技巧，生动地介绍了枪械使用中所可能遇到的方方面面的问题。

我们旨在告诉读者，对枪械的认知不仅仅是局限于枪械的参数、性能等方面，在实际应用中还有许多不为人们所深知的窍门。

为此，我们精心编著了这本图书，专门对以往被忽略的一些知识进行解读，希望广大读者能够从另一个方面了解和认识枪械，解决读者们对于枪械的一些疑问。

《百科图解》系列丛书是瀚鼎文化工作室倾力打造的“明仔玩军事”大家庭的一员，是在搜集国内外大量兵器知识后，整理编写而成的涵盖古今中外的军事知识的科普性图书。内容涉及到舰船、枪械、冷兵器乃至现代军用装备等多种类别，希望令广大读者能全面地认识不同时期不同武器装备对战争甚至是历史进程的作用。

目 录

目 录

第一章
基础知识

No.001 使用枪械应具备哪些素质

枪是一种非常易用的大威力武器，只要扣下扳机，就能给目标造成致命的伤害。

枪械的特点

刀剑、长枪、弓箭等利用人体臂力或机械力进行攻击的传统武器一般称为“冷兵器”。与这些武器相比，利用火药燃气为动力的枪械是一种威力更大，使用更为简单的武器。没有受过训练的女人或者小孩，想要用刀剑或者长枪等和成年男子对抗的话几乎是不可能的，但是如果用枪械作为武器的话，就变得容易许多。

枪械可以消除体格、力量等方面的优势，无论男女老幼，在使用枪械的时候都处于同样的水平线。当然，让小孩使用后座力很大的枪械是很困难的，如果换成后座力比较小的一些枪械，像 .22 口径（5.6 毫米）的枪械，就算是小孩也能轻松驾驭。

虽然这样说，但是并不意味着使用枪械一点难度都没有，也需要具备一定的素质才能发挥枪械的威力。

首先，使用者需要一定的力量，尤其是保持枪械平衡的“握力”和“腕力”非常重要。在连续射击的时候，如果无法保持枪械平衡，会产生很大的误差，自然很难命中目标。

其次，心理素质也非常重要。枪械是依靠精密的机械结构工作的工具，在使用不当的时候容易出现故障，如果此时陷入惊慌，无法正确排除故障，就等于置自己于危险当中。

视力。也许有人会觉得没那么重要，但是在远距离战斗中，也许对方早已瞄准，你却毫不知情。当然，在近距离的时候，就算视力并不是特别好，只要保持好心态和动作，把枪口对着对方所在的位置实施概略射击就行。

枪是怎样的武器

只有会使用的人才能发挥出武器的威力

锋利的刀刃

刀剑

坚硬的棍棒

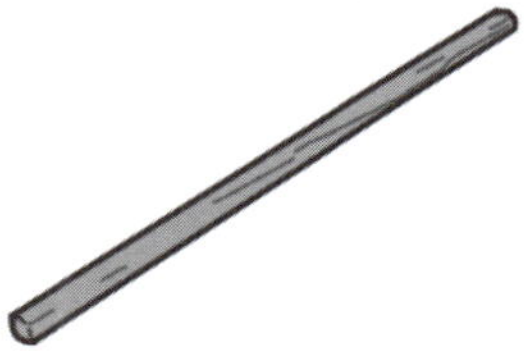

棍棒

如果想要杀伤对方，必须具备一定的力量和体格才行

因而登场的是

枪械，普通人稍加训练都能轻松使用

扣下扳机就能射出子弹

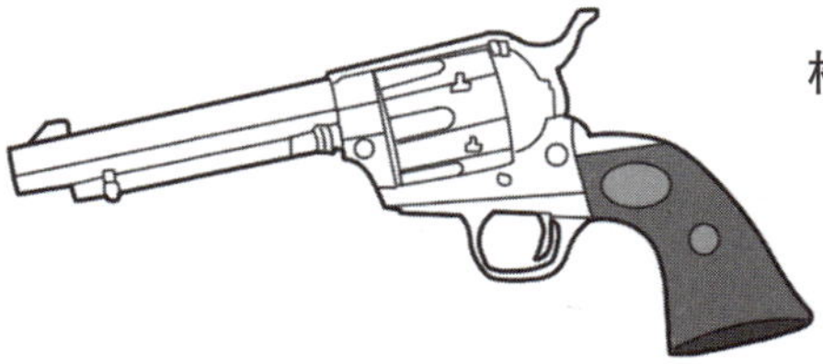

枪

只要扣下扳机就能发挥一定的杀伤力，就算是女性或者小孩也可以和成年男子对抗

话虽如此，也仍让有无法使用枪械的人

- 力量不足以控制枪械的平衡
- 容易陷入恐慌的人
- 视力极度不佳的人

No.002 什么样的枪在枪战中比较有利

实战中，需要根据不同的作战任务来选择合适的枪械。

各种枪械

对枪械认识不多的人来说，实战中很少会考虑枪械之间的性能差异或者弹容量、射程等细节上的因素。在实际中，需要进行枪战的时候，会要根据当时的情况来选用合适的枪械。

从远距离攻击敌人的时候应该使用步枪。手动的栓式步枪无法连射、弹容量也少。但从远方攻击的时候敌人尚未发现或者不容易靠近，拥有足够的思考时间和充分的选择空间。

机枪能够从远距离连续不断地进行射击。但是机枪又大又重，不适合单兵使用是它的致命缺陷。

突击步枪可以像机枪那样进行连射，也能进行点射，而且体积小，重量轻。小口径突击步枪的弹容量也通常达到30发，就算进行连续射击也不用担心弹药问题；大口径的突击步枪威力更为惊人。

在近距离或者室内战斗的时候，方便挥动和转身的手枪则比较实用。手枪分为转轮手枪和自动手枪，无论是哪一种，都要接受专门的训练以后才能准确的命中目标。与其他枪械相比，手枪的威力不大，在军队中是作为自卫武器使用的。不过在狭窄的空间中，手枪还是很受欢迎的。

外形和手枪类似，能够连射的是冲锋枪。它能够用手枪子弹进行全自动射击，与手枪一样，适用于室内或者近距离战斗。特种部队常常使用这种枪械。

在近距离枪战中也会使用霰弹枪，霰弹枪射程虽短，但是能同时射出多枚弹头，无需瞄准便能开枪。霰弹枪还可以选用非致死性弹药。

无论选用何种枪械，都要从自己的能力、战斗环境、对方的枪械种类来考虑，选择有利于自己的才行。

枪械的种类

枪战中可以使用的枪是……

根据目的来选择枪械

想打倒远方的敌人时

手动栓式步枪

大口径突击步枪

机枪

要与多数敌人作战时

小口径突击步枪

不想杀死敌人，只想让对方失去抵抗能力

霰弹枪

想在狭窄的空间中先发制人时

冲锋枪

转轮手枪

自动手枪

要从自己的能力、战斗环境、对方的枪械种类来考虑，选择有利于自己的枪械

No.003 怎样选一把好枪

在战斗前选择枪械的时候，通常都会选择状态比较好的枪支。但是想要确认一只枪的好坏，仅仅凭外表是不够的。

如何确认枪支的状况

任何人在使用枪械的时候都希望所用的枪械能够处于最完美的状态，就算不能达到完美的地步，起码也要好用才行。一般情况下，对于军队、警察等部门来说，只要正常维护，配备的枪械都会处于相对较好的状态。与此相比，一些通过非法途径获得的枪械，比如恐怖分子、劫犯等所使用的枪械，性能就很难保证了。

在选择枪械的时候，首先要从外表判断。表面有大量刮痕或者裂缝的枪械就意味着它曾经被粗暴地使用，这样的枪械除了表面的损伤以外，其他看不到的地方也可能遭到了损坏，使用当中的故障率要比正常的枪械高很多。

确认了外表以后，接下来应该检查套筒和扳机等重要的可动部位是否流畅，以及弹匣能否顺畅地取下装上等等。即使是某个部位有问题，引起这种故障的可能性也有许多种。是稍微调整一下就能修好呢？还是必须要更换零部件才行？这就要根据枪械的实际情况来判断了。

此外，也不能忘了确认枪械的击锤或者弹匣卡榫等部分的弹簧是否松弛。射击动作出现问题的枪械十分可怕，不仅会出现射击故障，还可能会因为意外走火危及自己或者同伴的性命。

在选择好枪械以后，如果条件允许的话，最好通过试射来确认枪械的实际情况。在射击中能够确认到枪械的准星等瞄准部件是否准确，以及膛线的磨损程度。

枪械的状态

枪械的状态由其机械性能和实际性能两方面决定

在确认枪械的状态时

1、确认武器外观正解度，零部件完整性

2、确认可动部位是否能够流畅的活动

3、试压检查弹簧的性能如何

可以在没有装入子弹的情况下进行试射来确认枪械的机械性能

条件允许的话可以通过试射来确认膛线的磨损程度

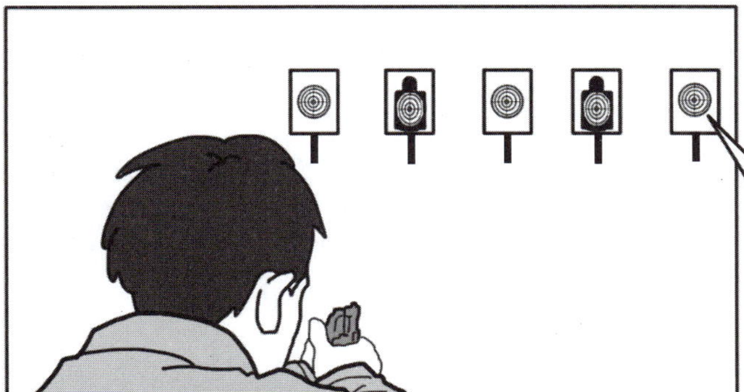

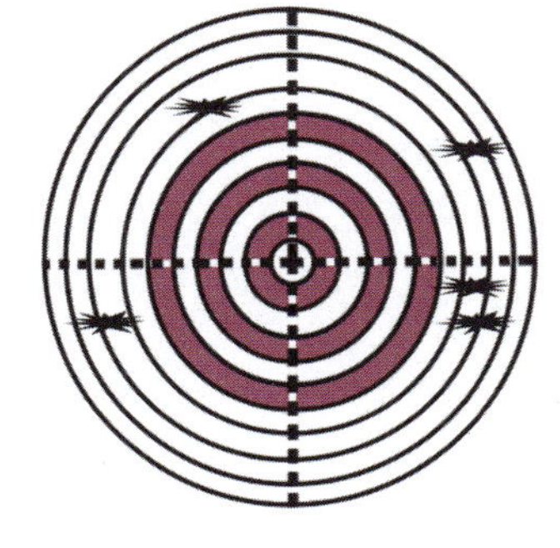

膛线磨损严重的话，射击精度和距离都会严重下降

No.004 手枪能自由携带吗

在一些国家，可以通过申请持枪许可证等方式获取手枪，然而即便如此，也不能自由地随身携带枪械活动。

“持有”手枪并不意味着可以随时“携带”

一提到持有枪械首先想到的就是美国。美国的宪法保证了公民有持枪的权利，因此在美国历史上曾有多次限制枪械的法案都因为违宪而受到抵制。

然而就算在美国，对于民众持枪的态度也并非是没有原则、毫无限制的。尤其是容易随身携带、隐藏的手枪，持有和使用依然会受到很大限制。想要拥有手枪的话，必须要向相关部门进行申请，得到批准以后取得持枪许可证等才行。

这些单位在审查申请人的时候，会从是否有过前科、有没有精神疾病等方面进行审核，确认没有问题以后才会颁发给许可证明。另外，美国各州对于持枪的态度也有所不同，审核的严格程度会根据各州的实际情况而变化。一般从申请到通过需要数天到数周的时间，在这段时间内，相关的单位会对申请人进行全面的调查审查。此外，这段时间也是留给申请人自己冷静考虑的，避免因为申请人一时兴起而想要持有枪械。

在通过申请，取得持枪许可证以后，也并不意味着能够自由地携带枪械活动。枪械通常被限制在自己的家中等规定场所使用。如果要作为随身武器携带在身上的话，还要申请携带许可证。

对于持有和携带，相关部门有着明确的规定和判断标准。一般认为，将枪械放在随身的包中或者装在枪套中佩戴在身上，就是携带。这也就意味着持枪者可以随时拿出枪使用。这种情况需要对持枪者的职业进行审核，只有具备“职业上的需要”的才能获准携带。

手枪的持有和携带

想要持有手枪的话

- 没有犯罪前科
- 没有精神方面的疾病，不是毒品使用者
- 从申请到通过审核，通常需要花费数日到数周时间

手枪的持有

意指把枪械保管在自己家中等地点

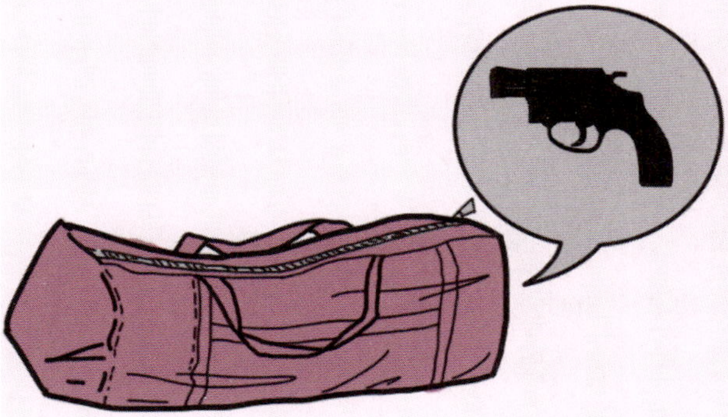

就算是要到射击场练习射击，也必须把枪放在袋子或者箱子中，保证枪械处于“不能马上使用”的状态

手枪的携带

意指把枪械收纳在枪套中随身携带活动

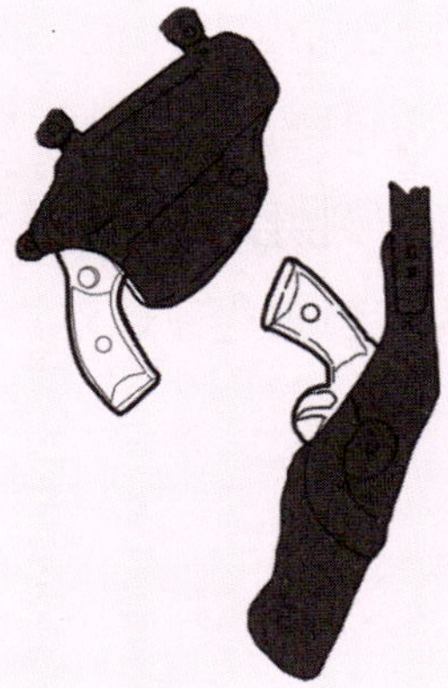

即便是在美国这样对枪械管理十分宽松的国家，对枪械的携带也会进行严格地审核

※ 手枪的携带许可要比持枪许可严格许多，许多人虽然获得了持枪许可证，但是却拿不到携带许可证

No.005 手枪的保险装置

手枪的保险装置能够防止手枪意外射击，保险装置的类型根据枪支的型号款式而不同。

保险装置的种类和功能

能够保证枪械处于安全状态的结构称为保险装置。根据动作的原理来区分，保险装置可以细分成许多类型。各种保险装置保证安全的方法也不尽相同，保险装置的位置以及操作方式也都不一样。

大多数的手枪采用的是一种被称为“手动保险（Manual Safety）”的保险装置，这种装置很容易从外观上分辨出来。按照动作模式的不同，有锁定扳机的方式和锁定击针的方式两种。前者以柯尔特的一些政府型枪械为代表，后者则以贝瑞塔 M9、M92 为代表。手动保险的开关通常都是用右手拇指来操作，因此大多设置在枪身左侧靠近握把的地方。

手动保险在实际使用当中，需要以手动操作的方式令开关处于待机或保险的状态，而另外一些自动解除保险的装置则无需这样。例如只要把手指扣在扳机上就能解除保险的“扳机保险（Trigger Safety）”、握紧握把就能解除保险的“握把保险（Grip Safety）”等自动保险装置。只要不碰触扳机或者握把，枪支就会自动进入保险状态，不必担心忘记上保险。

在使用自动手枪的时候，就算枪弹匣取下，枪膛中依然可能会留有子弹。有些枪会设置“弹匣保险（Magazine Safety）”，防止枪械在这种状态下射击。

此外，自动手枪在不用的时候，必须让击锤回到射击前的状态。因为处于待发状态下的击锤是枪支走火的常见原因。为了防止这种现象，有些枪会设置有让击锤回到原本位置的“待发解除杆（Decocker）”。

手枪的保险装置

手动保险

最为常见的手枪保险装置是用拇指操作，因此也叫做“拇指保险（Thumb Safety）”

把扳机以物理方式上锁

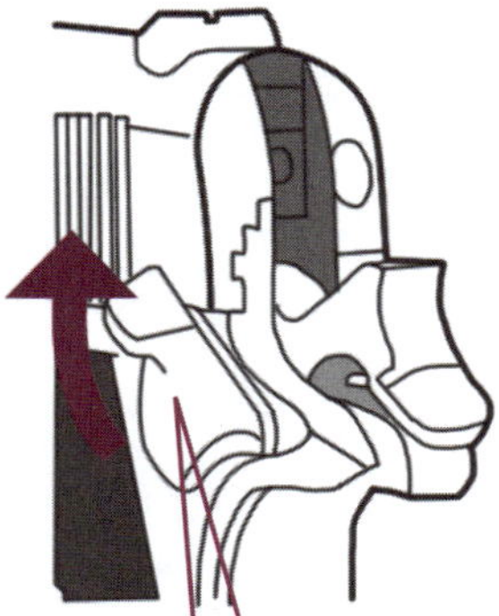

也有让击锤处于待发位置的类型

锁上保险装置后就无法扣下扳机

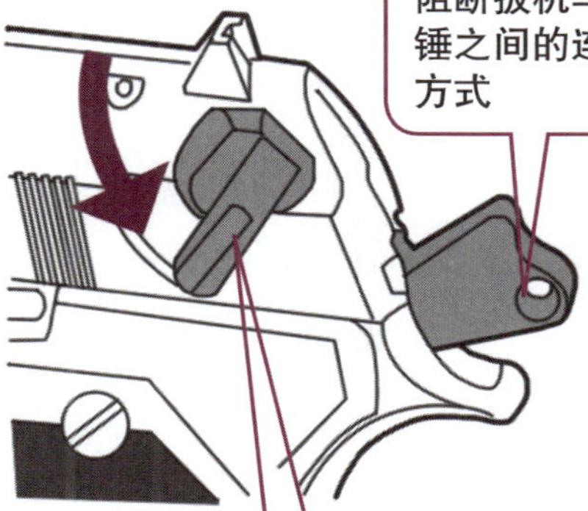

锁上保险装置后，扳机就会变成虚扣状态

其他类型的保险装置

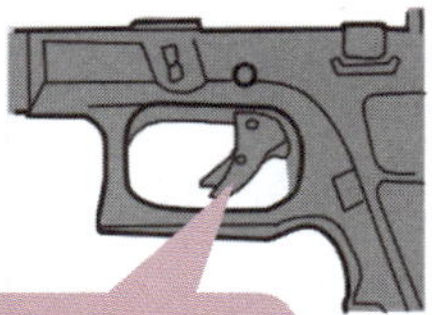

扳机保险

不以正确的方式用手指扣下扳机的话，扳机就无法扣下

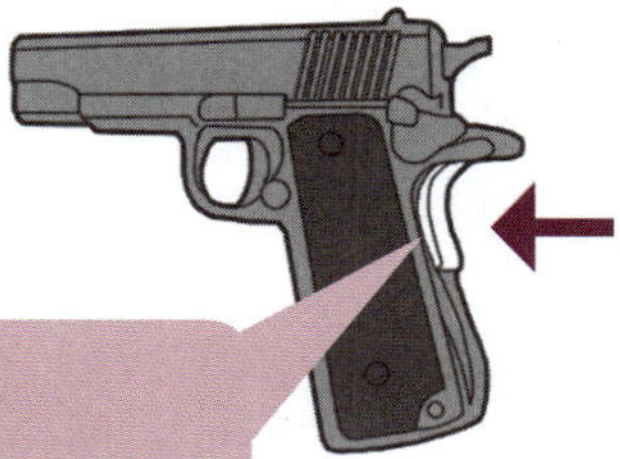

握把保险

不以正确的方式握住握把的话，扳机无法扣下

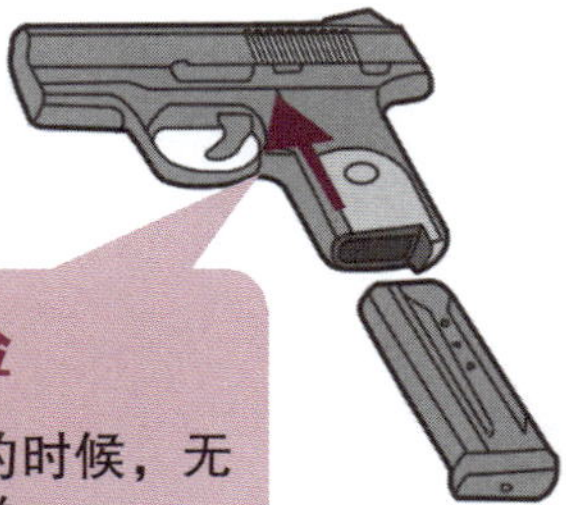

弹匣保险

弹匣没有装在枪中的时候，无法发射枪膛中的子弹

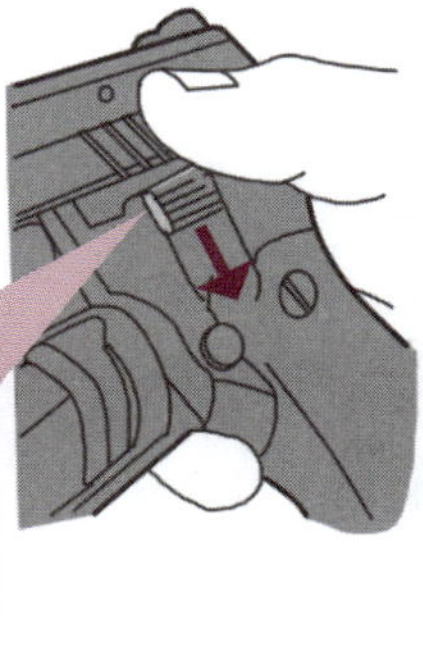

待发解除杆

通过这个装置控制击锤下降

No.006 被子弹射中后会怎样

在一些影视作品中，会刻意表现子弹击中身体以后的画面，给人们视觉上造成巨大冲击，但是这种场面往往与实际上相差甚远。

与弓箭等击中的情况大不相同

在近年的一些影视作品中，会对子弹击中身体的画面进行特写，以慢镜头表现整个过程。然而就算是这样细致的表现，其真实程度与实际情况也有很大出入，仅仅是为了追求视觉冲击力而已。这是因为人们对这方面的认识不足，如果真实地反映出来反而会被人认为是没有视觉冲击力、看起来很假。

在实际中，被枪击中的伤口一般正面大小和弹头的直径差不多。除了极近距离射击的情况，从外观上看起来伤口似乎并不严重。弹头在体内会发生变形（Mushrooming）、翻转（Tumbling）或者是撞到骨头等硬物而破碎（Fragmentation），所以射出口会比射入口要大一些。但是如果贯穿身体的弹头动能很高的话，由于能量并没有充分转移到身体上，子弹射出口的扩大程度则不会过于严重。

在一些讲述枪战的影视作品中，子弹贯穿头部的时候会喷出大量血，这只是为了增加视觉效果而采用的一种夸张的表现形式。只有当子弹并没有贯穿头部时，头盖骨内会出现很高的压力，才可能导致喷血。

从枪口飞出的弹头带有很高的温度，因此被击中的感觉就像是被烧红的火钳刺到一样。有一些影片中人被子弹击中以后直接向后飞出，实际上，虽然子弹的能量在破坏人体的时候很充足，但是想要把人打飞，力道还有所不足。但是被子弹击中的时候，人可能会条件反射地向后滚动。

子弹击中身体之后

子弹会以自身的动能来破坏人体结构

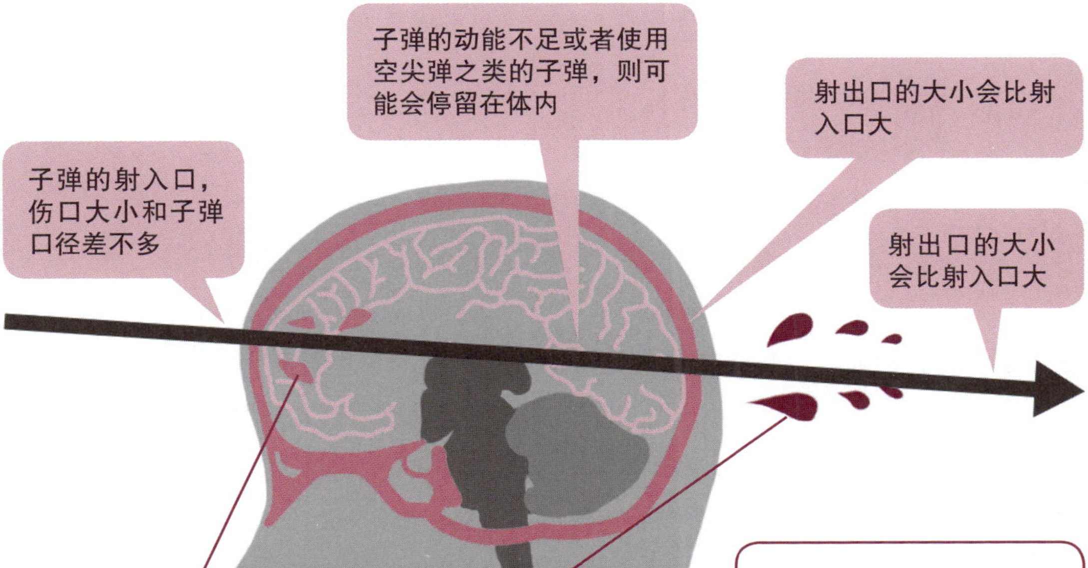

头部不是血袋，击中以后不会有血如泉涌的场面

子弹会因为与枪管摩擦以及空气摩擦而呈高热状态

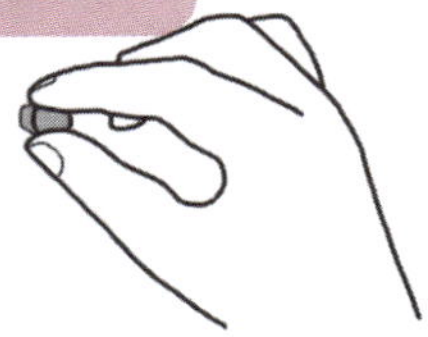

被击中的感觉就像是被烧红的火钳刺到一样

No.007 被子弹贯穿反而危害小

被子弹打中以后，高动能的弹头会贯穿身体，而力量不足的弹头则会停留在体内。那么哪种的危害更大呢？

被命中以后的伤势

因为遭到枪击而受伤叫做枪伤，弹头贯穿身体的枪伤被称为“贯穿性枪伤”，而没有被弹头贯穿的话则被称为“穿透性枪伤”。

弹头之所以会贯穿身体，是因为所具备的动能很高，在这种作用下，会对身体带来极大的冲击。在这种情况下，我们假设弹头的破坏力为100的话，子弹贯穿身体可以看作是“在100的破坏力全部作用在身体上之前，子弹就已经离开身体了”——也就是说，子弹本身的能量没有充分发挥。

通常情况下，弹头表面包覆着金属层的全金属被甲弹（Full Metal Jacket）这类不易变形的子弹更容易造成贯穿性枪伤。如果命中的部位不是要害或者主要血管的话，即使是中枪，留下后遗症的危险也比较小。

若是穿透性枪伤的话，弹头会一直停留在体内，有可能会造成铅中毒或者是其他并发症，所以必须要及时开刀取出。以空尖弹（Hollow Point）为代表的子弹容易造成穿透性枪伤，这类子弹在命中目标的同时会发生变形，造成的伤势也会严重得多。

不管弹头有没有贯穿身体，击中身体的弹头都会令体内的组织死亡，在击中的部位形成空腔。如果弹头上还有多余的能量，在弹孔周围还会形成放射状的伤口。子弹经过身体造成的空腔往往会令骨头或者其他一些器官（尤其是肝、脾、脑等）受到严重伤害。

普通手枪弹，如果没有击中要害，即使是暂时形成空腔也不会造成过于严重的伤害。而威力更大的步枪子弹要是造成空腔的话，会破坏血管，导致伤口细胞坏死，出现严重的并发症。

枪伤的类型

枪伤可以分为贯穿性和穿透性两种

贯穿性枪伤

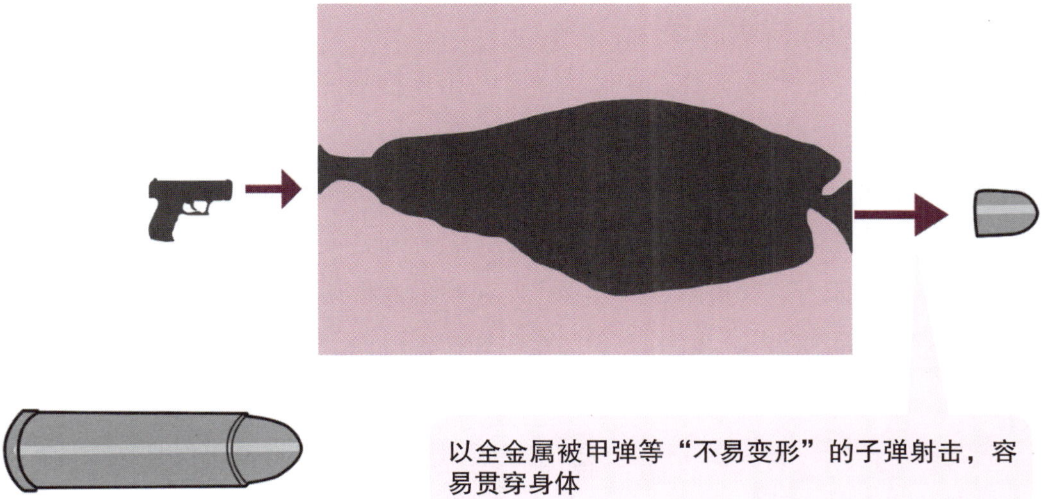

以全金属被甲弹等“不易变形”的子弹射击，容易贯穿身体

穿透性枪伤

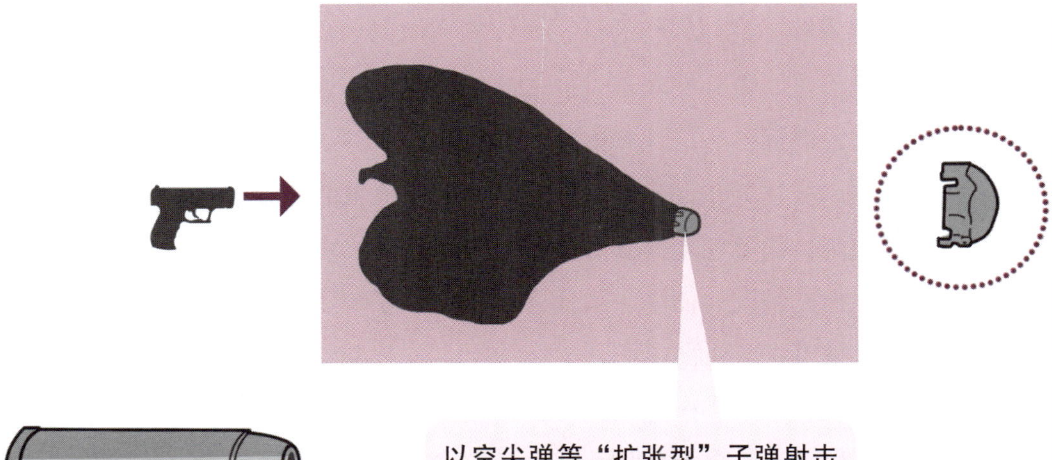

以空尖弹等“扩张型”子弹射击的话，弹头会停留在体内

穿透性枪伤对身体的伤害或者带来后遗症的危险性较大

No.008 没被击中要害会造成死亡吗

在一些表现枪战的影视、小说中，有人被子弹打中手、脚等部位时，总是会说“这不过是小伤而已”。实际中是不是也是如此呢？

会因为大出血而死亡

在一些影视和小说作品中，为了塑造出人物坚韧不拔的形象，人物被子弹击中以后往往还能保持相当的行动力和战斗力，这让一些观众和读者误认为枪击杀伤力并没那么可怕。

实际中，在没有伤及要害的情况下，人的确是不会在遭到枪击以后就立刻丧失活动能力。这里所说的要害，不是我们通常认为的头部或者心脏，而是更加重要的部分——脑干。头部在受到伤害以后，可能会导致大脑某一部分所控制的机能丧失，例如语言能力或者思考能力，没有受伤的其他区域还能继续运作；心脏被破坏以后，虽然已经不能继续提供血液，但是在人体内现有血液中所含的氧用完之前，人依然能够继续思考和行动。尤其是当在这种时候肾上腺素大量分泌，导致人体比较兴奋，短时间内行动能力并不会因此而减弱。

但是如果脑干遭到损伤的话，人体就会像关上开关一样，所有的生命活动都会立刻停止。警察在攻击挟持人质的罪犯时，如果要击毙罪犯，都会瞄准眉心的位置进行射击，以求瞬间击毙。

子弹进入身体其他部位以后，会沿着比较柔软的地方前进，因此会避开有弹力的肌肉，而是朝着内脏的位置前进并破坏。胃和肝被子弹击中以后会出现大量出血的情况，而如果腹部主动脉被打穿的话，人会在短短的几分钟之内由于大量出血而死亡。

即使是手脚部位中弹，尤其是空尖弹等会在体内扩张的弹头，被击中以后就会休克昏迷，甚至休克而死。

人体的要害

只要不破坏人的脑干或者延髓，就不会立刻死亡

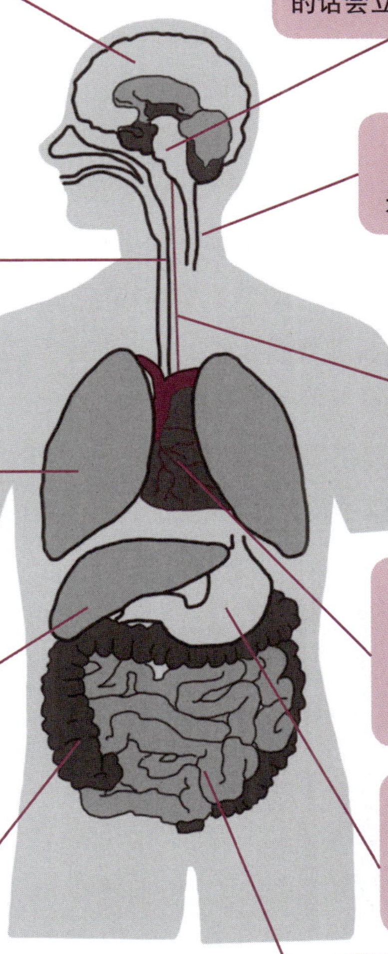

脑

人体的控制中枢，根据破坏的部位不同，有时其他部位还能继续正常运行

脑干

主管生命活动，被破坏的话会立即死亡

延髓

连接脑干和脊髓的结构

气管

输送氧气到肺部的结构

颈动脉

把血液输送到脑部的血管

肺

被破坏以后就无法为人体继续提供氧气

心脏

全身血液输送的中枢，被破坏后还能保持短时间清醒

肝脏

储藏了大量血液

胃

消化器官，被破坏后会导致大量出血

肠

被击中以后粪便会进入腹腔导致感染

腹主动脉

有大量血液流通，被破坏后会大量出血而死亡

就算被击中的不是重要器官，而是手、脚等部位，也可能会因为中弹瞬间的冲击休克而死

No.009 流弹也会造成致命伤吗

流弹是一个较为常见的枪击现象，它是指普通动能枪械击发后，击中了瞄准线（或弹道危险界）以外物体的弹头。

乱飞的流弹

在战斗中，常常会没有时间瞄准就需要开枪射击。在开枪的时候，许多人扣下扳机的时候并没有冷静瞄准射击，而是什么都不想不顾，朝敌人可能存在的方向开枪。

然而无论如何，不管开枪的时候有没有瞄准，是不是想击中对方，射出去的子弹始终都是极其危险的。有些人会乐观地以为不是瞄准自己发射的子弹，所以很难打中自己。这就大错特错了，流弹可能集中战场上的任何人。而且就算被击中的并非要害部位，也可能会因为失血过多而休克甚至死亡。想要忍住疼痛继续战斗并不是想做到就可以的。

流弹的威力、方向都具有很强的不确定性。对于被流弹击中的人来说，因为子弹是从意想不到的方向飞来的，根本无从防备，受到的伤害反而可能更为严重。

就算是比较常见的鸣枪警告，对空中射出的子弹，在掉落的时候也是具有一定杀伤力的。

在这种情况下朝空中射出的子弹，会在上升到射程极限的时候，在重力作用下掉落。由于弹头本身的重量并不重，加上掉落过程中的空气阻力，因此掉落的速度并不会太快。但是即便这样，弹头依然具有贯穿人体皮肤所需的速度（45~60 米 / 秒），被击中的话还有相当程度的危险。尤其是空中落下的弹头，击中的部位大多集中在头部，甚至有可能会造成致命伤而导致死亡，因此也不可小看。

流弹的伤害

朝着瞄准线以外的方向飞行的子弹称为流弹

NO

"被流弹击中要害的可能性不高"

↓

不管击中什么部位，都有可能会因为失血过多而死

↓

NO

"流弹是威力不高的子弹"

↓

流弹与威力的大小无关

↓

从意料之外的方向飞来的子弹，很难躲避或者防备

甚至有人认为：流弹才是战场上最危险的存在

朝着正上方发射的子弹

在攀升到一定高度以后，会因为重力作用而掉落，这种子弹也很危险

No.010 使用双枪有哪些优势

在一些影视作品中，常常会出现有人使用双枪的场面，这种持枪方式有一些优点，但是缺点也十分明显。

为了进行长时间战斗

两手各持一把手枪进行战斗，在一些影视作品和小说中十分常见。这是因为这种造型看起来既帅气又能增加战斗的激烈程度。当然，这种战斗方式也是具备一定的合理性的。

首先，手持双枪战斗的时候可以同时向左右两边的敌人进行射击。而只有一把枪的话，在与一侧的敌人战斗时，如果另一侧出现了新的敌人，就必须要调转枪头或者改变身体方向才能进行攻击。

这时候如果两手都持有手枪，就可以左右开弓，同时攻击两侧的敌人。当然这样是无法进行瞄准的，只能凭借感觉来射击。对于熟练的枪手来说，瞄准本来就是通过反复的训练让身体对射击形成记忆，也就是说，在战斗中本来就很少瞄准，因此这并不是问题。

此外，在进行枪战的时候，尤其是在掩体之间进行枪战时，本身就是一股脑儿地向敌人所在的方向射击，不让对方有时间冷静瞄准。基于这种理由，使用双枪进行射击的时候，能够牵制住更多敌人，射击精度根本不再考虑之内。

如果在正面攻击同一目标的时候，使用双枪就相当于火力增强了一倍。比如手上有两把弹容量 15 发的手枪，那么对方用同样的枪发射 15 发子弹的时候，自己可以发射 30 发子弹，在火力上是处于绝对优势的。

但是对于这种战斗方式，一般并不被看好。因为单手使用手枪需要很高的技术，尤其是非惯用手进行射击的时候命中率很低。因此，用双枪攻击同一目标，常常是浪费了一堆子弹却打不到人。

使用双枪的意义

双枪的使用形式

敌人从另一侧逼近时，以非惯用手上枪进行牵制

作为攻击用途的基本上是惯用手上的枪

以前的转轮手枪，子弹用完以后装填比较耗时，这种战斗方式可提高火力持续性

在遇到突发状况时

↓

用两把枪对着同一目标进行射击

优点

- 同样的时间内可以射出 2 倍的子弹
- 密集的枪声会让人觉得阵仗很大，给对方造成压迫

缺点

- 同时用两把枪进行射击需要很好的技术
- 弹药的耗费量也是 2 倍

No.011 击发后的枪和弹壳

刚刚射击过的枪与空弹壳，会因为子弹与枪管摩擦以及发射气体的高温高压呈高热状态，如果直接碰触的话，可能会烫伤。

射击产生的高温

射出子弹后的枪管和枪膛，会因为与子弹的摩擦以及发射火药的燃烧处于高温状态，若是不小心碰到的话就会被烫伤。把连续发射过几发子弹的枪管浸入水中，会立刻发出“滋滋”的响声并产生大量水蒸气。

在设计上，自动手枪大多用套筒遮住枪管，而左轮手枪的枪管则是直接外露的，因此在发射数发子弹以后，枪管上方会出现景象扭曲的热折射现象。许多枪都会装上帮助散热的散热片，防止在瞄准的时候因为热折射而出现偏差。

枪管比较长、管壁厚，而且装有护木的突击步枪，需要经过一段时间，才会感觉到热量。但是如果在全自动射击模式下连续射击多个弹匣以后，机匣周围也会因为过热而妨碍握枪。

进行全自动射击的机枪或者冲锋枪，枪管和机匣都十分重视散热。大口径的机枪通常设计有“可更换枪管”，保证机枪能够连续射击。以前的机枪在更换枪管的时候要带着隔热手套以免被烫伤，现在的机枪不需要直接碰触就可以快速更换枪管，因此也不再需要隔热手套了。

冲锋枪通常没有更换枪管的功能，因此早期型的机匣大多会采用冷却效果好的开放式枪栓设计。

从机匣排出的空弹壳，会因为发射火药在子弹发射过程中剧烈燃烧，导致弹壳变得非常炙热。因为退出的空弹壳打中自己或者同伴的脸部、手臂，或者是从敞开的领口进入胸口而烫伤的情况并不少见。

枪械击发后的状态

发射子弹以后，枪管会因为与子弹摩擦以及发射气体的高温高压而呈高热状态

弹头在通过枪管内部时产生摩擦热，导致枪管温度迅速升高

弹壳则会……

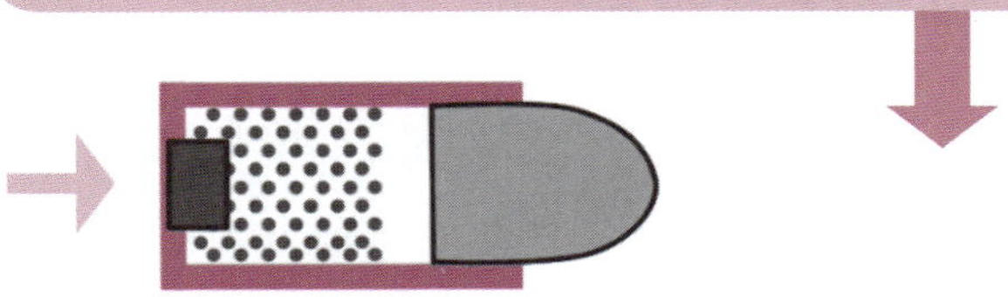

发射火药剧烈燃烧，产生压力让弹头飞出

空弹壳是“内部的发射火药刚刚燃烧过的弹壳”，温度非常高

也就是说，刚射击过的枪管和空弹壳都是处于无法直接碰触的灼热状态

No.012 射击的时候应该戴防护镜吗

射击的时候想要命中目标的话就必须要看准目标进行瞄准，视力不佳的人需要戴上眼镜等视力矫正工具才能瞄准。就算从非视力角度来说，眼睛与射击之间也有着很深的关系。

可以保护眼睛

射击时用来保护眼睛的装备是“护目镜”。在射击的时候，眼睛可能会被发射火药燃烧产生的闪光所刺激，或者因为火药燃烧剩下的残渣散在空气中以后飞入眼睛。此外，在激烈的枪战中，流弹击中自己身边的遮蔽物以后会产生一些飞散的、混有铅的碎片，还有从自己或者同伴枪中飞出的空弹壳也可能会伤到眼睛。

在随时都有生命危险的枪战中，应该尽量减少下意识地眨眼，因此会带上射击专用的“射击防护镜”。但是由于枪战中需要不断闪避或者转移，所以能够固定在头部的“射击风镜”比普通防护镜效果更好。

此外，风镜的镜片与眼睛之间具有良好的密闭性，几乎没有缝隙，适合在沙尘比较大的地区使用。射击防护镜与风镜除了耐冲击以外，还可以根据环境选择调整亮度、对比度的灰色、橘色等各色镜片。

隐形眼镜不能作为“护目镜”使用。虽然隐形眼镜可以起到矫正或者强化视力的作用，是非常方便的工具，但是如果保养不当的话很容易损坏。在裸眼或者戴眼镜的状态下，灰尘进入眼睛时只要用清水清洗眼睛就行。但是如果戴着隐形眼镜的话，则必须先把镜片从眼中取出才行。而且摘下镜片时手或者放置的地方不干净的话，镜片就无法继续使用了。

在伊拉克战争中，不少使用隐形眼镜的美国士兵会选择与风镜一起使用，防止出现上面的问题。

护目镜

在使用枪械的时候必须要注意保护眼睛

但是

太阳镜或者一般眼镜因为强度不够，不能使用

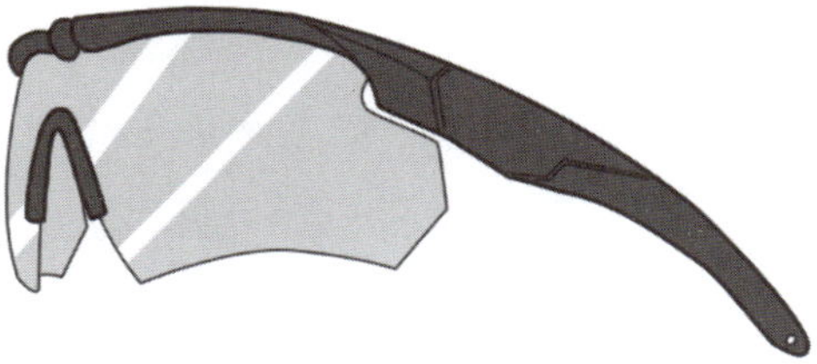

还有

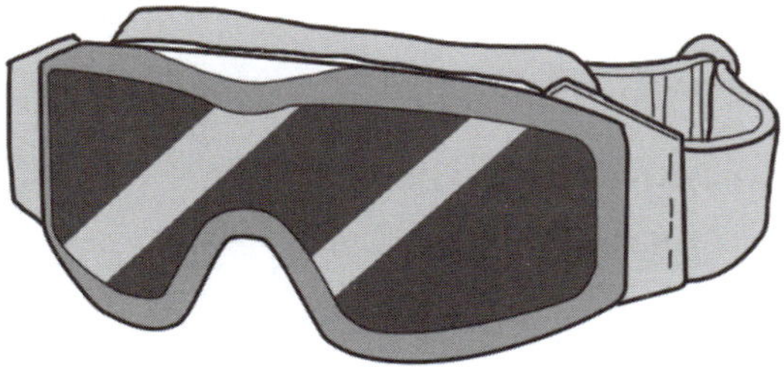

射击风镜与脸部之间几乎不存在缝隙，可以防止射击时产生的气体或者灰尘伤害眼睛

镜片颜色的特征

灰	降低亮度，但是四周的颜色不变
橘	降低亮度，增高对比度
黄	增加四周亮度并提高对比度，适合在阴天或者夜晚使用

No.013 连续射击的时候应该戴耳塞吗

长期生活在音量嘈杂的环境中很容易对耳朵造成伤害，枪声也不例外，而且枪声是“冲击波”，与普通的噪音不同。

射击时注意保护听力

在射击中要保护耳朵，只有佩戴耳塞一种途径。但是在战斗中，如果戴了耳塞来隔绝枪声，也无法获取其他信息。比如敌人接近时的脚步声或者装备撞击声，或者是通过弹匣落地的声音判断对方的子弹已经用完等。在保护了耳朵的同时，也失去了用耳朵辨别周围情况的能力。

很多人会觉得在战斗不必刻意在意枪声，或者只要经过训练就能习惯枪声，认为这并不是什么大问题。但是实际上这不过是从心理上来无视枪声，枪声对耳朵造成的伤害还是会持续累积。如果耳朵持续处于 90 分贝以上的声音中，造成重听的可能性很高。

火车经过高架桥的时候，桥下的声音约为 100 分贝；喷气式飞机的发动机声音约为 120 分贝；一般枪械的枪声约为 140 分贝（部分枪械的枪声可达 165 分贝）。虽然枪声在一瞬间就会消失，但是瞬间的大音量会产生冲击波攻击人的耳朵，因此就算是 90 分贝以下的声音也会引起听觉障碍。这种情况称为音响性外伤。在症状初期会听不见高音域的声音，但是这个音域与日常生活无关，很容易被忽略。之后症状逐渐恶化，影响到日常生活中的听力。

想要凭借训练来锻炼耳朵承受噪音是很困难的事情，要恢复已经受到损伤的听力更为困难。因此在射击场进行射击的时候都会戴着耳塞以保护耳朵。现在还出现了一种只阻隔枪声的高科技耳塞，能够在保护耳朵的同时，保证使用者听到周围的其他声音。

各式耳塞

如果不想在年纪大了以后听力衰退，就别忘记在射击时戴上耳塞

射击训练或者设计竞赛时的主流护具是耳机型

但是士兵或者警察不会戴着笨重的耳机型耳塞行动，因此……

橡胶型

纸片型

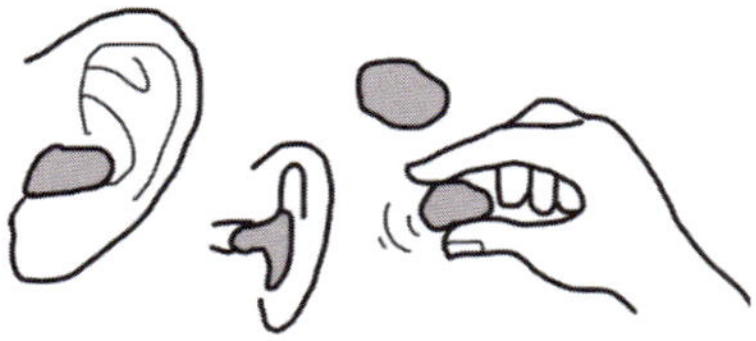

粘土型

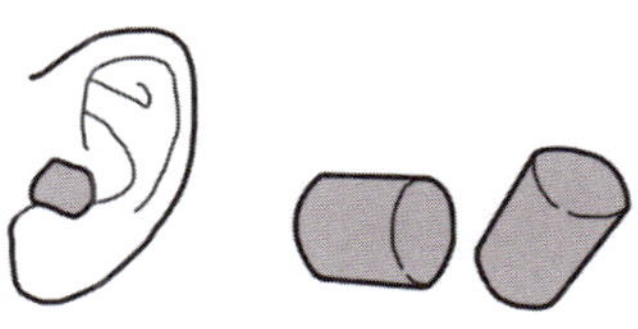

海绵型

No.014 适合射击的装扮

在射击场打靶的时候，只要准备好枪和弹药就行了。但是在需要移动的枪战中，穿着合适的服装也很重要。

适合枪战的服装

就像游泳运动员会穿减小阻力的泳衣、短跑运动员会穿着抓地能力比较强的鞋子一样，枪战时身穿合适的服装可以帮助射击、减少失误，甚至影响最终的胜负。

在枪战当中，基本上都是以“便于行动”并且“暴露程度低”的服装为最佳。虽然长袖、长裤看似比较适合，但是袖子有可能会卡住挂在腰带上的装备，所以也有很大一部分人更喜欢穿短袖。就算是穿短袖的人，也大多会选择有领子的衣服，这样可以防止跳弹的碎片或者空弹壳等从领口钻入衣服里面。

头上戴着帽子、脸上戴着射击眼镜、身穿战斗靴来保护脚部，这样的装备可以让人在关键时刻保证注意力的集中。射击手套是由皮革或者化学纤维制成，可以防止手指被剧烈活动的自动手枪套筒夹住，或是被发烫的转轮手枪的枪管、弹仓烫伤。

此外在戴着手套射击的时候，还能缓和手指受到的冲击力。但是也有人认为手套会阻隔“指尖对枪械的感知”，在进行精确射击的时候会造成影响，所以有的射击手套会把食指前段露出来。而且不习惯戴手套的话，射击时可能会手滑，因此许多人都选择不戴手套。戴不戴手套并无正确与否，只要根据个人的感觉和喜好来决定就行。

当然，这种装扮只能算是照本宣科。不同的人对于怎样的装扮才适合自己战斗都有一定心得。总之，无论怎样装扮，只要能够有利于战斗，都是最好的。

射击时的装扮

照本宣科的话……

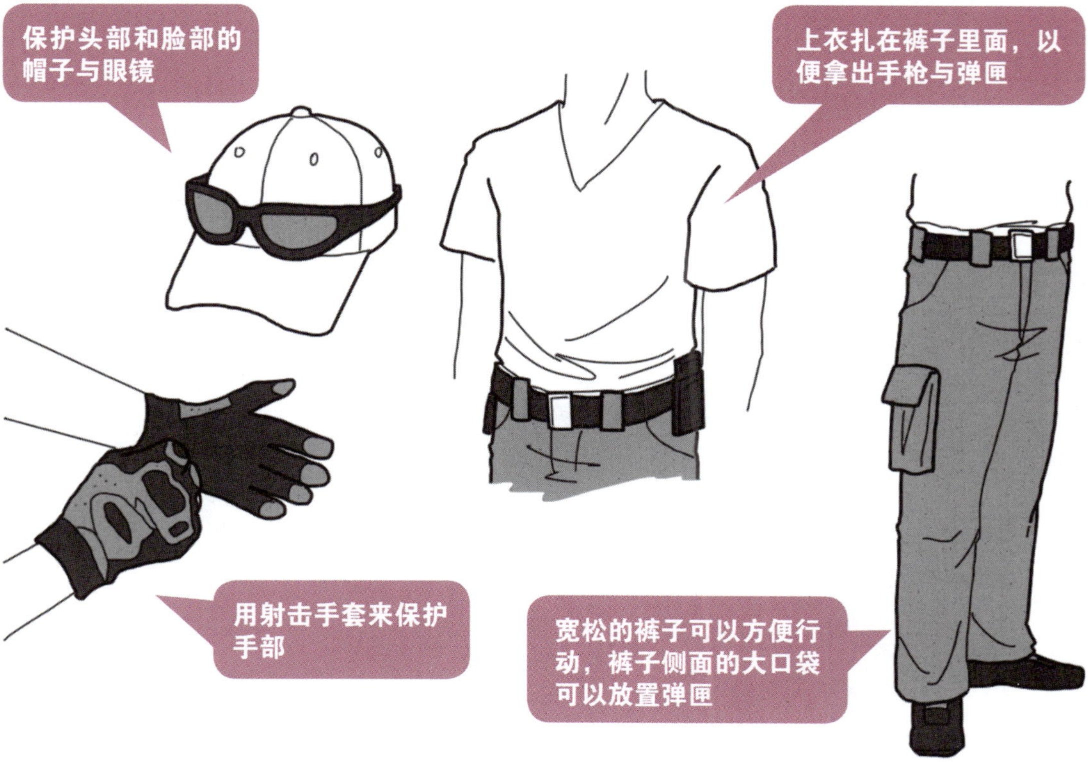

就算是这样也可以

不管多么稀奇古怪的装扮，最重要的一点就是这样的装扮有利于战斗就好

No.015 肩挂式枪套

枪套是用来收纳、携带枪械的工具。肩挂式枪套可以把手枪挂在腋下，能够隐蔽地携带手枪。

隐蔽性＋快速性

大多数警察在携带枪械的时候都是光明正大地挂在腰上，用以震慑某些罪犯。然而除了这种情况以外，很多时候即使是随身佩戴着手枪，也并不希望他人知晓。腰挂式枪套虽然能够很快地拔枪射击，但是在携带手枪的时候几乎没有隐蔽性可言，在一些需要隐藏手枪的任务中并不适用。

因此，隐蔽性极佳的肩挂式枪套这时就大受欢迎。然而与腰挂式枪套相比，肩挂式枪套拔枪射击的速度不够快，这也是肩挂式枪套一直遭到诟病的原因。

为此，人们一直试图制出一种隐蔽性高，同时也能迅速拔枪射击的枪套。基于这种考虑，设计出了“前开式”、“拇指式”等快速拔枪的肩挂式枪套。

前开式枪套正如其名，枪套的前半部分设计成敞开的样子。用有弹性的塑料板或者化学纤维材料夹住枪，使之不能从开口掉落。在使用的时候只要握住握把用力抽出即可。由于枪是把枪垂直地插在枪套中，所以尤其适合枪管较长的枪使用。

拇指式肩挂枪套是把枪水平方向放置在枪套当中，用扣子固定。在使用的时候用拇指拨开扣子拔枪使用。在使用德国 USP 手枪等具有固锁待发（让击锤处于待发位置，同时锁住保险装置的状态）功能的手枪时，固定枪身用的带子还能帮助固定待发中的击锤，提高枪械的安全性。

适合枪战的枪套

最为理想的状态是既能够把枪牢牢固定住，又能迅速拔枪射击的枪套

前开式肩挂枪套

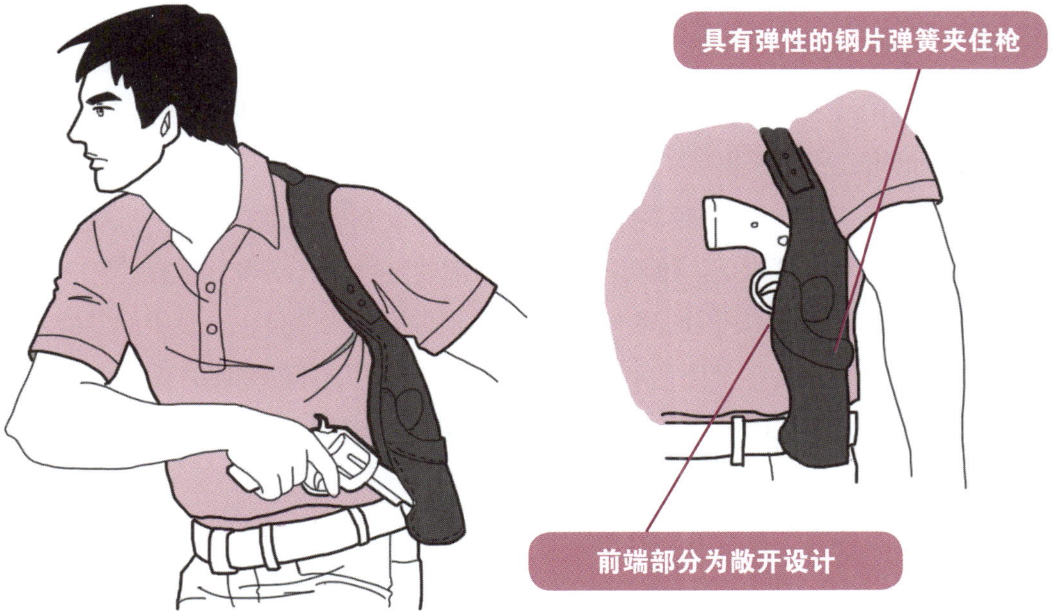

拇指式肩挂枪套

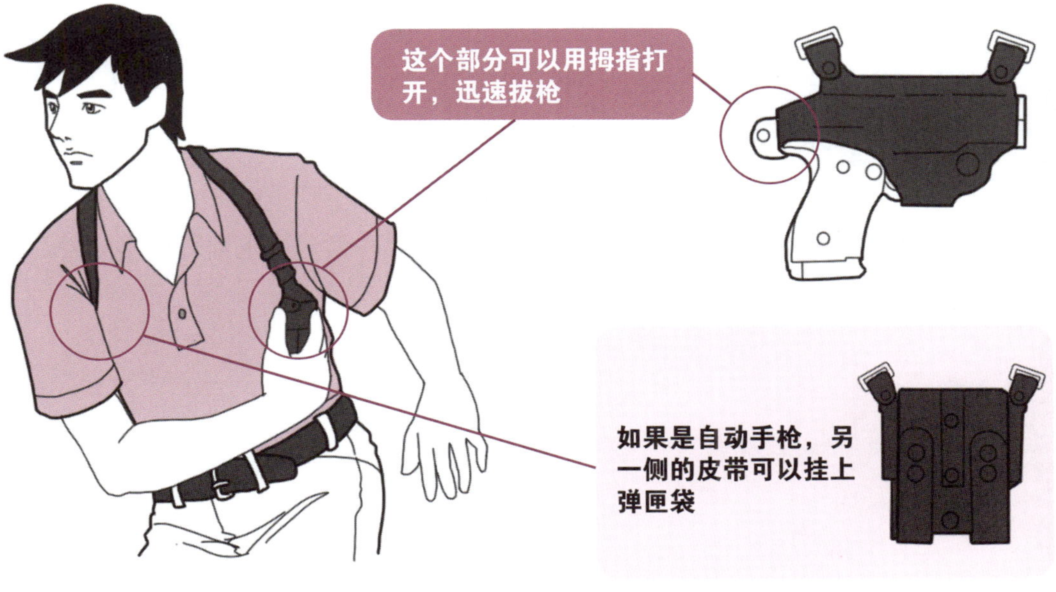

No.016 佩枪的腰带是专用的吗

以前，用来挂枪的腰带采用的是腰带和枪套一体式的设计，而现代的腰带和枪套则是分开的，可以根据自己的喜好来调整枪套的位置。

理想的腰带

现代的战术腰带已经不再是以前那种枪套 + 腰带的一体式设计，而是专门设计的可以携带所需装备的腰带。

在枪套或者弹匣袋等需要挂带的装备都会设有挂环，能够像手机袋或者相机袋那样穿在腰带上。枪套的挂环通常都做得很大，基本上所有的腰带都能穿过去。就算没有专门的战术腰带，用普通的腰带来佩戴也是没有问题的。

但是由于手枪本身的重量，加上弹匣袋中装满子弹的弹匣，就已经有了相当的重量了。这时候，如果腰带太细，这些装备就没法牢靠地贴在身上，而且会因为晃动带来不便。

因此，用来佩戴枪套、弹匣袋等装备的腰带一般都是具有足够的宽度、厚度并且具有较强坚韧度的专用腰带。这种腰带就是“战术腰带（Tactical Belt）”，在一些售卖户外用品或者军用品的商店都可以买到。

大多数裤子由于皮带孔太小，无法直接使用宽度较大的战术腰带。在遇到这种情况的时候，可以把固定装备用的战术腰带和一般的腰带绑在一起使用。

这样将两条腰带重叠固定以后，虽然腰部会显得比较累赘，但是能够稳定地携带装备，而且在不需要的时候可以随时将战术腰带取下，是其最大的优点。尤其警察在出动的时候还要携带对讲机、手铐、手电筒等许多装备，这种腰带是非常实用的。

佩枪的腰带

想把枪佩戴在腰部的话，必须选择坚固的腰带

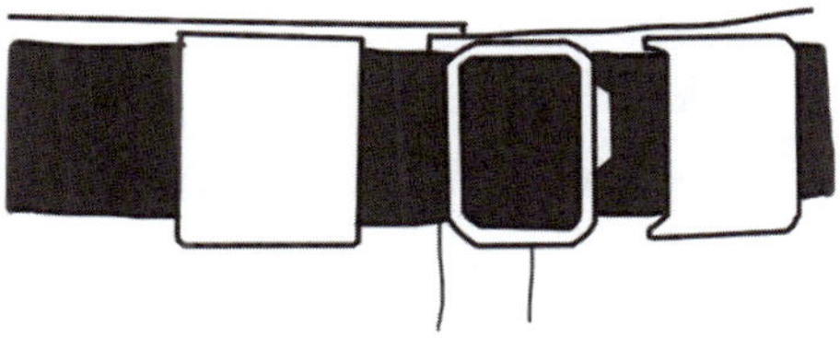

战术腰带

宽度宽、厚度厚、具有相当的坚韧度

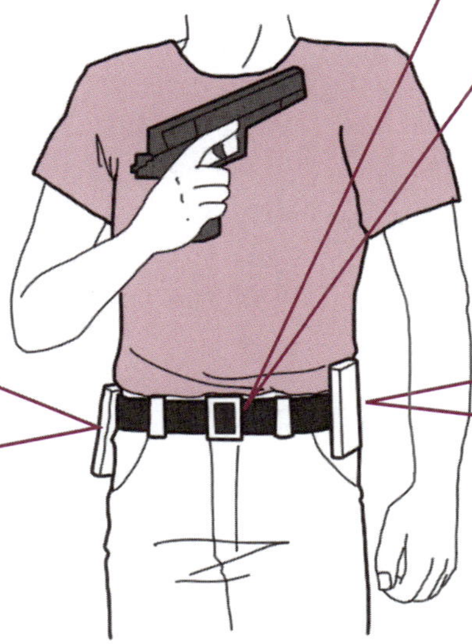

腰挂式枪套

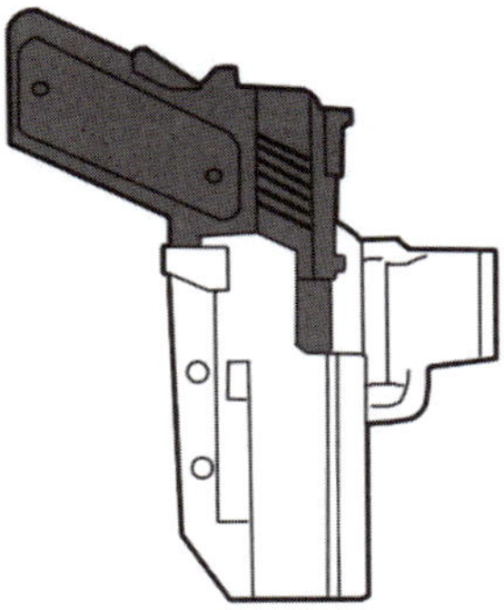

弹匣袋

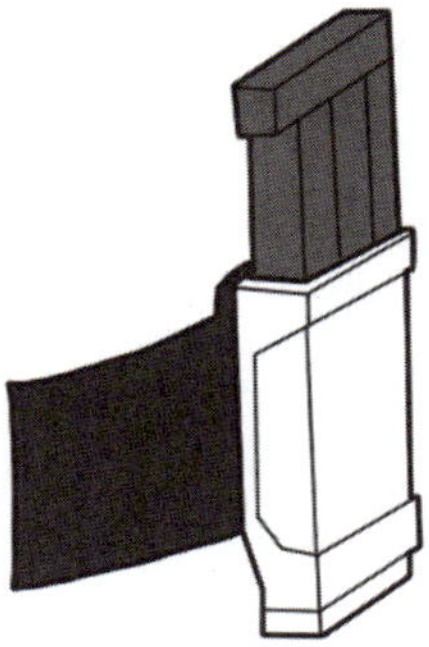

如果是宽度足够的腰带，枪套、弹匣袋等装备就能稳定地固定在腰部

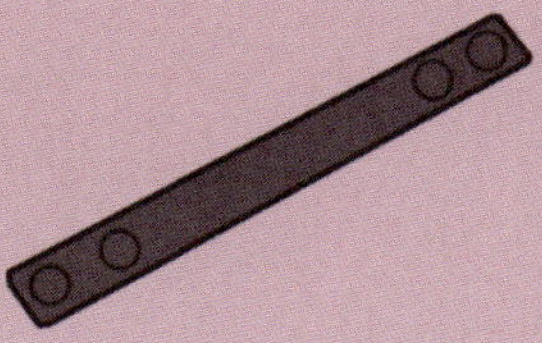

如果裤子的腰带环能够穿过宽度较宽的战术腰带自然是最好的，但是不行的话可以在一般腰带上用固定带来加装战术腰带

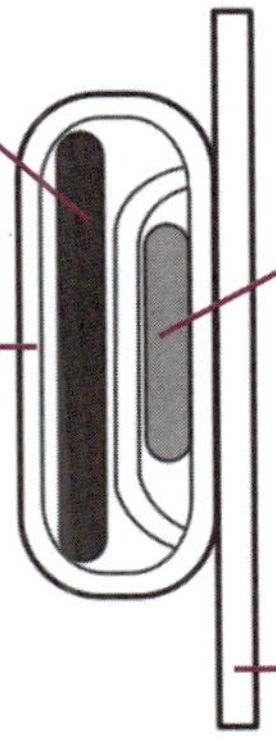

专题：影视作品中的枪战

讲述枪战的影视作品一直深受大众的喜爱，毕竟真实的枪战是很难见到的，因此很多人都对枪战充满了好奇。

在这些影视作品的熏陶下，就算是没有见过枪的人，也能想象枪械射击的过程。然而，真正的枪声往往和影视作品中所表现的不太一样。

枪声本身像是混合了许多种声音而成的，很难将其精确地录下来。早期的枪战片中常常用机械合成“砰砰”的声音，与真正的枪声相差很大。随着技术的进步，一些作品开始专门录制真枪的射击声作为效果音效，已经逼真了许多。

此外，枪战片中枪支的外形也要注意。有些人以为国外的电影都是真枪实弹地拍摄，其实不然。枪在任何国家地区都属于危险品，如果拍摄中要采用真枪的话，管理枪支都是一件非常辛苦的事情。而且万一因为处理不当而出现事故就得不偿失了。

影视作品中使用的枪其实是道具枪模，为了实现观感和手感的逼真效果，多为全金属制造，具备真枪的保险、上膛、抛壳等功能。道具枪模的枪管普遍是堵死的，不可改装，使用的子弹为可更换底火的仿真子弹，便于制造烟雾和声响的效果。

第二章
枪和弹药的选择

No.017 怎样选择合适的枪

枪械大致上能够分为手枪、步枪、机枪、霰弹枪等几大类。在使用的时候，要根据作战的目的、作战环境等实际因素选择。

可靠性>其他

对于一些需要使用枪械的职业来说，用哪种枪是必须考虑的问题。像警卫、保镖等需要考虑外表的职业，有时候会以整体的设计线条为首要的考虑因素，枪械的性能并不那么被看重。但是，选用枪械的正确方法还是要从性能方面出发。

枪械制作时的“精密度”对枪械的射击精度、故障率有着很大影响；“使用的弹药类型”和“枪械威力”则与枪械的口径有关。

在一些可以持有枪支的国家，大多数人买枪都是用来自卫的。而一旦打算买上一把能够使用多年的枪，就应将“方便保养”作为重要的考虑。若是必须长时间持枪的话，则要选择“重量较轻”的枪。此外，选用任何一种枪支，便易的“操作性”都是需要考虑的。

不过无论侧重哪一点，都可能会和其他因素形成制约，没有哪种枪能同时满足所有的要求。

对于一些常常处于危机关头的人来说，无论是制作精密度，还是外观、重量等等都可以妥协，但是只有一点不能让步。这一点就是射击的可靠性，也就是在扣下扳机的时候能否确实地射出子弹。在一些影视作品和小说中，经验老道的枪手常常会选择比较老式的枪械，这是因为他们对大多数新型枪的可靠性都持有怀疑的态度。

在生死危急的关头，如果出现了枪械故障，很可能会因此丧命。虽然说任何枪械都不能保证百分之百无故障，但是被实战检验过的枪支还是比较可靠的。

枪的选择

该选择什么样的枪

- 制作精度够吗
- 使用哪种类型的弹药
- 重量合适吗
- 保养起来困难吗
- 设计是不是合理

但是这些因素之间相互影响，很难全部满足

不过 只有一个不能忽略的“绝对要素”

就是

在扣下扳机的时候能否保证可靠射出子弹

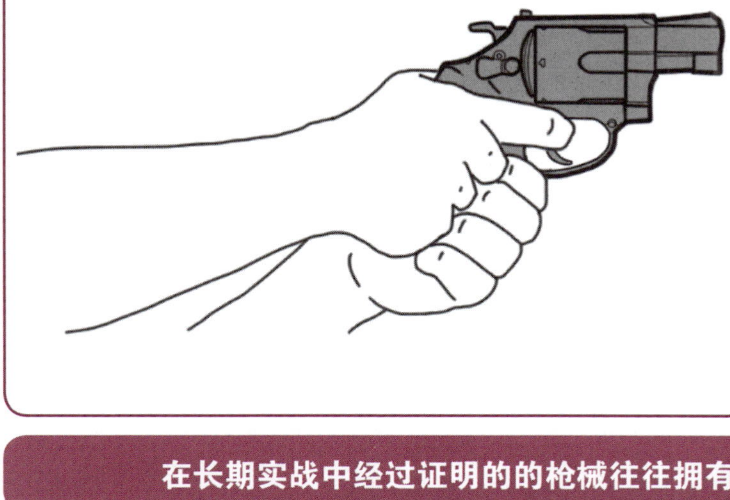

也就是“可靠性”

在长期实战中经过证明的的枪械往往拥有较强的可靠性

No.018 性格也是选枪的标准吗

不同的人之间性格各异，在影视作品创作中，往往会根据不同的人物性格选用不同的枪械，适用的枪械是用来增加人物特点的道具。

枪械与人物特点

在影视作品的人物创作当中，往往会涉及到多种性格、不同类型的角色。

比如冲动型的角色会在战斗一开始就横冲直撞地向敌人冲击。为了配合人物的特点，加剧场面的火爆程度，一般会选用能够全自动射击、弹容量多、外形稍大的枪支。

而稳重型的角色则会选择可靠性高的老式枪。除此之外，使用的弹药以及备用的弹匣、零件往往也都是比较容易获得的。因为这些因素会影响到持续战斗的能力。老式枪往往都经过了多次实战的证明，具有很强的可靠性，甚至可能是随处可见的，很符合人物的性格。

比较招摇的角色则更加偏爱一些出产不久、外形花哨、甚至是镀金、镀银的枪械，或者会使用根据自己的想法制作的枪械。如果是一些非常普通，没有特点的枪械，就会与人物性格形成冲突，让剧情显得比较生硬。当然，选用这些枪械并不意味着角色在使用的时候就会出现故障。

同时，“枪械的特点”与研发的国家、生产商都有关系，从这方面切入的话也能看出角色的喜好和性格。

在通常情况下，具有很强的独创性以及较高制作精度的是德国 H&K 公司的产品、简单耐用的是前苏联生产的枪械、以实战为基础，设计上没有多余之处的是以色列出品、集大量生产和大量消费于一体的是美国制造……

这些特点虽然带有一些呆板的印象或偏见，但是也算得上一种普遍共识。

角色性格与枪的选择

重点在于“角色性格”与“枪的特点”能否融合

如果是冲动型的角色

一般会选用能够全自动射击、弹容量多、外形稍大的枪支

如果是沉稳的角色

使用性能可靠、容易补给的枪，最为重视的就是实战中的稳定性能

也有专门破坏这种理论，创造角色性格的做法

例如

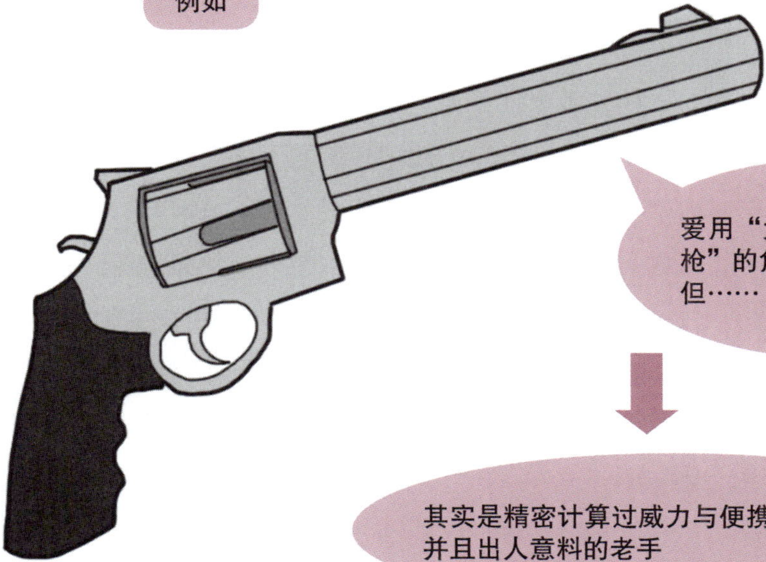

爱用“大口径的转轮式手枪”的角色看似并不精明，但……

↓

其实是精密计算过威力与便携性，行动大胆并且出人意料的老手

就算枪与角色的性格搭配优点勉强，但是表现手法好的话也能弥补。成功的角色往往会塑造出一种极具代表性的象征物

No.019 专业人士用什么样的枪

任何行业的专业人士对自己所使用的工具都有着很高的要求，还会根据不同的环境和对象进行随时变化，枪械也不例外。

适时调整

对于任何行业的专业人士来说，使用称手的工具都是基本要求，合用的工具能够起到事半功倍的效果。

使用枪械的时候也是如此。让狙击手用手枪进行狙击是不可能的，在近距离选择手动栓式步枪来战斗也是非常愚蠢的行为。

许多使用枪械的专业人士会将“在任何场合都能使用的枪”作为必备装备，也有一部分人会根据任务类型的不同更换枪械。这两种做法无分对错，都是个人的想法不同而已。

对于使用枪械的人来说，最为重要的是要掌握他们所用的枪的性能，判断这把枪能否应对预料中的任何情况，并且在面对一些意外的时候依然能够保证顺利完成任务。

枪这种器械，人们对它的基本要求是要“在扣下扳机的时候保证顺利射出子弹”。因此许多专业人士会根据预计中使用环境的不同而选择枪械。毕竟在沙漠、雨林、严寒地带等不同的环境下，枪械会受到环境因素的影响出现故障。如果在执行任务之前就已经将环境因素考虑在内，就能避免许多诸如此类的意外状况发生。一般军方采用的枪械，尤其是特种部队所使用的枪械，对环境的适应能力要比普通枪械高很多。

还有人在选择枪械的时候只有一个标准，就是在射击以后，保证子弹的命中率，也就是枪械的射击精度。

专业人士如何选择枪械

根据作战目的选枪是基本做法

从远距离狙击的时候

手动栓式步枪

在狭小的空间战斗时

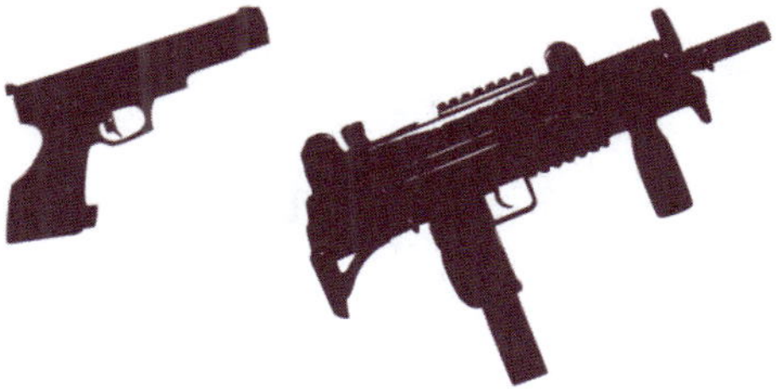

手枪、冲锋枪

在极近距离战斗并需要大威力时

霰弹枪

在中远距离与多数敌人战斗时

突击步枪

把握枪械的能力与特点，根据作战目的选择枪械，这是用枪的专业人士必备的素质

根据环境来选择枪也是非常重要的

在沙漠、雨林、严寒地带等特殊环境中，如果枪械能够适应当地的环境，就能极大地减少故障的发生概率

No.020 女性用枪的不利条件

女性拔枪射击的场面是影视作品非常看重的华丽场面和冲击力，但是实际上，女性用枪的时候会存在一些不利的条件。

手掌大小和握力

女性持枪时首先要面临的问题就是能否握住枪。女性的手掌天生比男性要小，而枪的握把一般都是以成年男性为标准设计的，因此女性在握持上就有一定的问题。握把的设计是要用拇指和食指之间的“V”字部位，也就是我们常说的“虎口”来夹住握把背部，手掌和其他手指包覆整个握把，手掌太小的人是很难稳稳地握住枪的握把的。

此外，对枪的控制力表现在“握力的强度”上。握力弱的话，在射击中受到后座力的冲击时很难稳定住枪，就算是瞄准了目标也无法命中。尤其是在进行精确射击的时候，握力是非常重要的。

然而枪这种武器有着其他武器所不具备的特点：使用者的力量与最终的威力并无关系，只要扣下扳机，就能发射子弹，随时都可以给目标造成致命的伤害。而且与刀子、棍棒等相比，就算是远距离的敌人，也能进行有效攻击。

也就是说，使用枪械能够让女性与男性一样基于同一水平线进行对战。如果握力不够的话，就要根据自己的情况选择后座力小的小口径枪。虽然比起大口径枪械，小口径枪的威力要小很多，但是依然能够对人体造成致命的伤害。

通常女性的心理素质要比男性差一些，在遇到一些意外情况的时候容易陷入混乱、紧张当中，因此女性在用枪前必须要接受专门心理训练，保持良好的心理状态。

女性能用枪吗

女性在用枪时有许多不利条件

但是

如果使用后坐力小的小口径枪，或者是重量较轻的枪，就可以从很大程度上解决这种问题

需要克服的心理层面问题

- 意识到可能出现的突发状况，避免陷入惊慌
- 具有打倒对方的勇气

枪是只要扣下扳机，就能发射子弹，随时都可以给目标造成致命的伤害的武器。只要具备瞄准敌人扣下扳机的技术，就能达到目的

No.021 现代枪械的口径一般是多少

自从枪械开始近代化以后，人们对于枪支口径的研究就没有停止过，也因此产生了各种口径的枪械。

枪械口径的分类

口径一般指的是枪、炮管的内直径或者是弹头的直径。口径通常以毫米计算，9毫米口径的枪，就是枪管内直径9毫米，发射9毫米弹药的枪。（实际上这种计算方式是经过简化的，弹药和枪管的口径都不是正好9毫米，会稍微大一点或者小一点）。

第二次世界大战以前是枪械的各种口径的试验阶段，因此产生了各式各样大小的口径。现在使用的枪械口径，是在大战以后经过了许多尝试，进行了进一步整合以后才定型的。

例如手动栓式步枪、突击步枪采用的是7.62毫米和5.56毫米口径两种。不同的国家、军队一般都采用这种标准（但是在冷战时期，由于双方阵营的对峙，会刻意避开这种统一的情况，苏联阵营的突击步枪采用5.45毫米口径）。

国外装备的手枪、冲锋枪，大多是9毫米的口径，少量的是7.65毫米、7.62毫米。机枪则是以12.7毫米口径为主，也有少量7.62毫米、5.56毫米口径的。霰弹枪所使用的子弹与其他枪械不同，口径多在12~20毫米之间。

另外，在常见的表示口径的单位中，有.38口径、.45口径这种说法。这是用英寸来表示口径的方法，所谓.38口径，即就是0.38英寸≈11.43毫米。

有人会问，是不是同样口径的枪械就可以通用一种弹药呢？同样口径的的弹药，在不同的枪与弹种之间，不一定能够进行互换。因为弹壳的长度或者形状都有可能不同。

常见口径一览

表示口径的单位以英寸和毫米为主，还会因为枪的种类具有不同的意义，所以不能单纯用数字比较

手枪

9 毫米　0. 38 英寸　0.357 英寸　0.45 英寸　0.32 英寸

冲锋枪

9 毫米　0.45 英寸

突击步枪

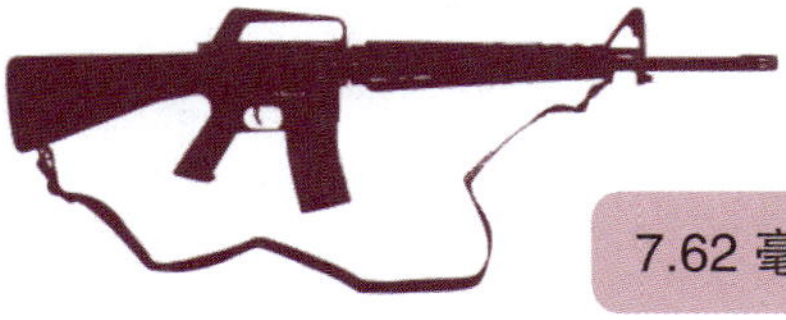

7.62 毫米　5.45 毫米　5.56 毫米

霰弹枪

10 号铅弹　12 号铅弹

手动栓式步枪

7.62 毫米

霰弹枪

5.56 毫米　5.56 毫米　12.7 毫米

No.022 枪械的击锤待发是什么

击锤待发的状态就意味着已经进入战斗状态了。

1
2
3
4
5

没有击锤就无法射击

枪的子弹是凭借弹壳内部的发射火药剧烈燃烧所产生的压力来飞行的。点燃发射火药的引爆装置叫做“底火”，冲击底火引起火药燃烧的装置就是“击锤”。

用击锤来撞击底火的发射子弹的方式叫做“击锤式”。击锤式的击锤和扳机是相连的，扣下扳机的时候被压缩的弹簧会伸开，使击锤撞击底火。因此，有的手枪在水下进行射击的时候，击锤的撞击力会因为水的阻力而减弱，无法点燃火药，导致手枪无法发射。

有的手枪击锤是露在外面的，称为外露式击锤。外露式击锤可以手动压下进入待击状态，有些手枪采用内置击锤防止被意外压下。另外手枪有单动双动之分，单动手枪必须压下击锤时才能发射，双动发射机构在扣动扳机时同时完成压下击锤和释放击锤两个动作（即按下扳机即可准备发射子弹）。

也有从表面看不到击锤的枪。撞击底火的不是击锤而是枪械中的撞针，这种机制称为主动撞针式。

采用主动撞针式设计的枪，在使用当中必须要特别习惯才行。因为击锤式可以通过观察击锤是否处于待发位置上来确认是不是可以立刻进行射击；而撞针式则无法从外观上判断这点。

此外，采用外露式击锤的枪，可以直接用手指或者待发解除杆来解除待发状态，但是内藏的撞针则不行。当然，采用主动撞针式的枪也有自己的保险装置。

击锤式和撞针式

所谓击锤

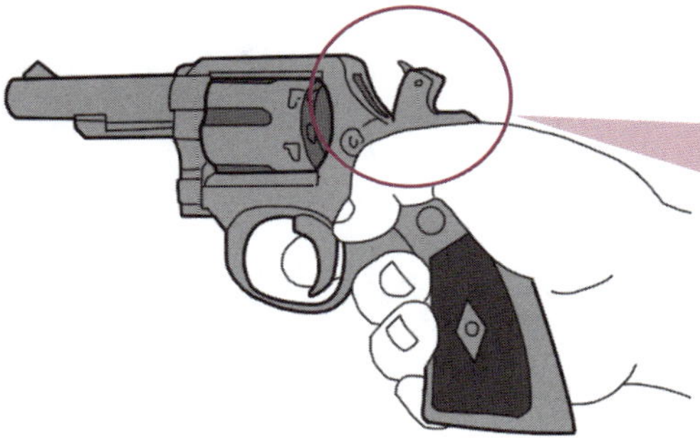

手枪的这个部分

击锤会撞击子弹底部的底火发射出去

没有击锤的手枪，内部会有“撞针”这个部件击发弹药

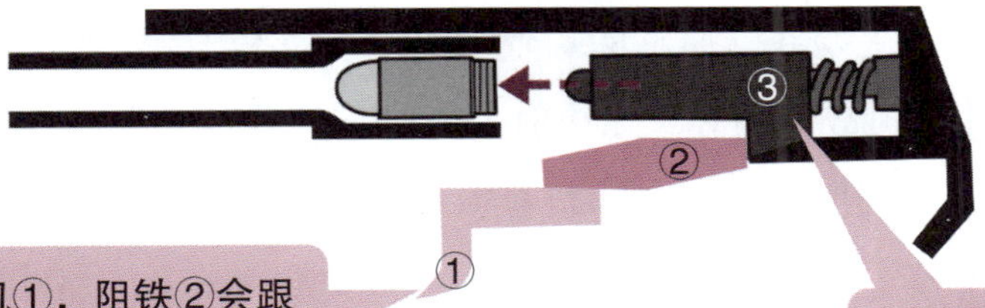

扣下扳机①，阻铁②会跟着发生动作

撞针③向前撞击底火

也有这样的款式

表面看起来像是没有击锤，其实只不过是把用手指扳动的部分（Spar）去掉了而已

这种类型的击锤称为“Non-spar”隐蔽式击锤

No.023 备用枪有什么用

当主要武器因为某些原因无法使用的时候，备用枪（Backup Gun）就要派上用场了。备用枪一般比主要武器要小、威力也弱，常常被当作秘密武器。

随身携带的备用枪

现在在许多国家的军队当中，除了会配备作为主要武器的突击步枪以外，还会给士兵配备手枪作为备用武器。

有些人认为只要多携带一些主要武器的备用弹匣，保证子弹够用就行了。但是经过战场的实践证明，许多士兵都会选择携带备用枪而不是多带备用弹药。

因为在实际中，主要武器面临的意外情况不仅仅是子弹用完而已。与弹药不足相比，因为枪械故障而导致无法射击的情况要更多一些。

此外，备用枪在其他许多场合都有着主要武器无法比拟的优势。比如在攻击房屋或者地下室等空间狭小的地方时，突击步枪等主要武器的使用会受到限制，而手枪则更加适用。

还有人使用备用枪是考虑到被俘虏以后，主要武器必然会被对方拿走。这时候若是藏着备用枪的话，就有机会趁机杀伤对方并扭转局面。

备用枪大多都是能够藏在衣服下面的小型枪。最为理想的备用枪最好能够和主要武器使用同样的弹药，但是倘若为了迁就备用枪而选择牺牲主要武器的威力就本末倒置了。

有人会选择一些非常小巧而且装弹数量少的枪作为备用枪。这种枪比起一般手枪威力更小，无法代替主要武器继续战斗，但是如果出其不意的发起攻击的话，有可能成为决定胜负的关键。

备用枪的必要性

Backup Gun——也就是“备用枪”

主力枪的子弹用完或者出现故障时的替代品

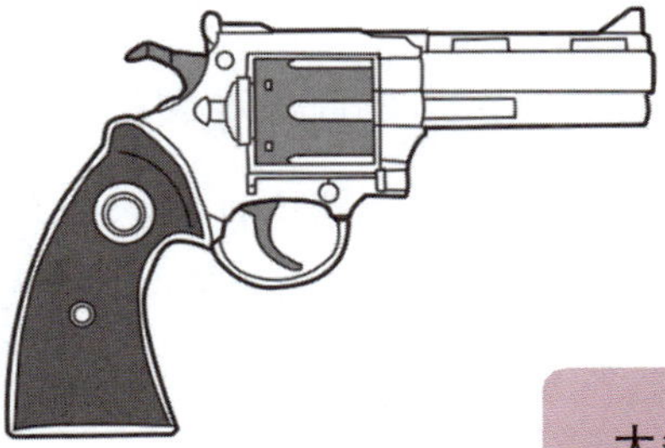

大多是比主要武器低一个等级的枪

但是

- 准备两把枪需要耗费更多的金钱
- 保养和修理的时间也更多
- 可能携带两种弹药

即便是这样携带备用枪也很有必要

- 在主要武器发生故障的时候不至于立刻陷入危机当中
- 就算主要武器损坏或者打光弹药也能继续战斗

和士兵的生命相比，时间和金钱都成了次要的了

No.024 霰弹枪

霰弹枪是一种滑膛枪械，能够发射数颗至数百颗的小铅球，是一种短距离威力很大的枪械。

能够致死或者非致死

霰弹枪起初是用来打猎和打鸟的，因此也被叫做猎枪、鸟枪，能够发射在广范围扩散的霰弹来对猎物进行大面积攻击，也就是在一瞬间发射复数弹药同时进行攻击。用来射击鸟类的小颗粒霰弹叫做“鸟弹（Birdshot）”，用来射击鹿等大型动物的大颗粒霰弹则被称为“鹿弹（Buckshot）”。

能够根据猎物的种类来更换霰弹的类型，是霰弹枪最大的优势。霰弹的弹药要比一般的手枪或者步枪子弹大许多，这是因为在霰弹的弹药中要同时收纳许多霰弹弹丸。利用这个特点，可以制作出许多不同用途的弹药。其中最值得一提的是能够制服对方却不会造成杀伤的“非致死性弹药”。

比较有名并且常用的非致死性弹药是橡胶制成的“Stun Bullet”痛球弹。痛球弹的意思是打昏，使昏迷的意思，顾名思义，这种弹药就是令目标昏倒的弹药。把鹿弹中的铅球或者钢球换成橡胶球，根据霰弹数量以及软硬程度的不同还可以分为不同的类型。

由于是橡胶制成的弹头，所以就算是中弹了也不会死，但是子弹的冲击力还是会令人由于疼痛陷入暂时的无力状态。在使用这种子弹的时候，要注意射击的时机和枪口的方向，毕竟如果打中眼睛等脆弱的部位时还是会造成严重的伤害。

同样能够让人昏迷的特殊弹药还有“布袋弹”。这种弹药正如其名，是在小袋子中装入沉重的沙子或者橡胶制成的小颗粒。高速发射的布袋会在命中目标的时候破裂，里面的装填物会飞出打到目标。

霰弹枪用的非致死性弹药

霰弹枪是适合发射非致死性弹药的枪

子弹很大，可以装入各种不同的填充物

能够根据实际情况，更换需要使用的弹药种类

等等理由……

基于这种特点，研发出了各种用途的“非致死性弹药”

橡胶制的痛球弹

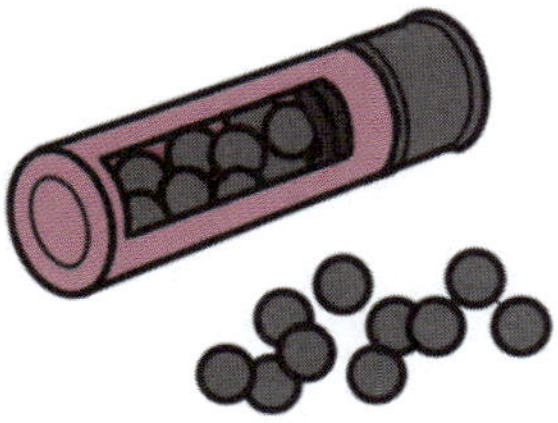

小颗粒橡胶弹丸

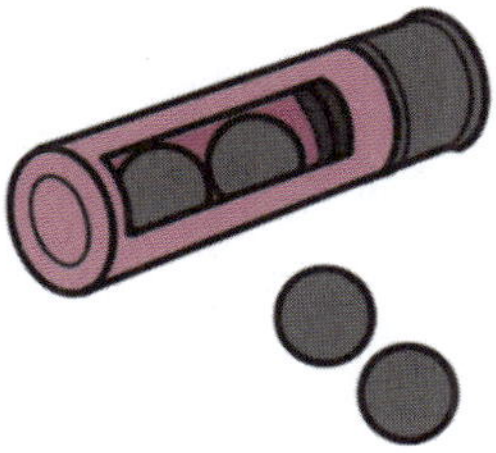

大颗粒橡胶弹丸（2颗）

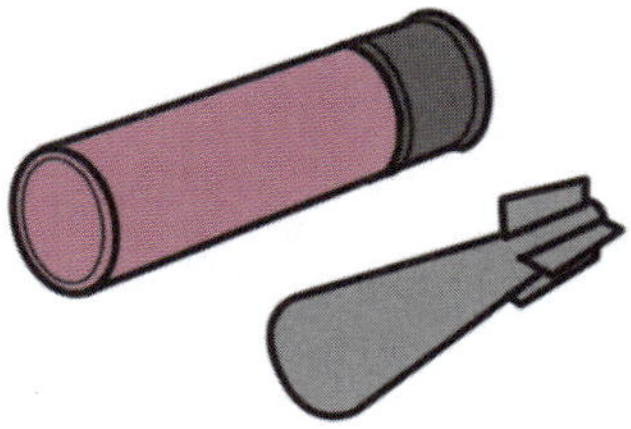

有平衡翼的橡胶底

布袋弹

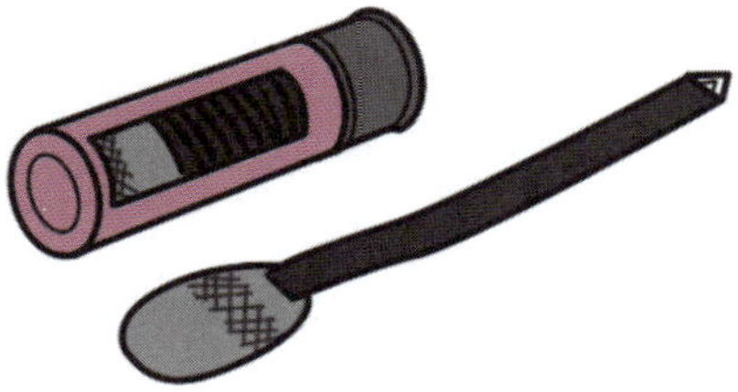

在袋子中装入铅或者塑料制小颗粒，长长的“尾巴”能够提高命中的精度

还有木制或者树脂制的弹药

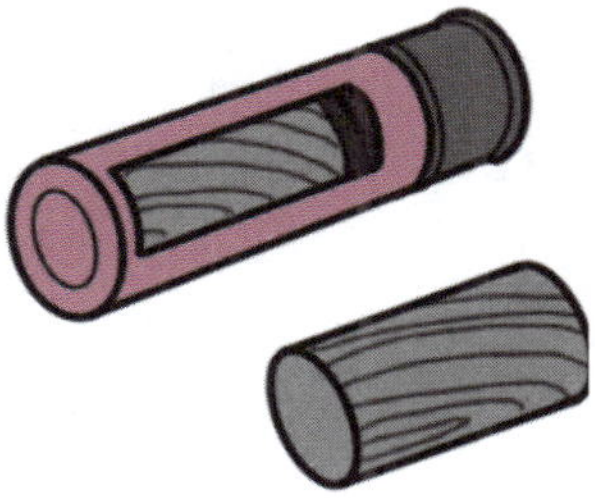

木制重弹头

塑料制弹丸

No.025 手枪弹和步枪弹有什么区别

大多数人都会觉得，口径越大的子弹威力就越大，在多数情况下这种观点并没有问题。但是9毫米手枪弹与7.62毫米步枪弹相比威力要小很多。

弹药的种类

对弹药分类时要考虑到是以“用哪种枪来发射”，而不是仅仅从口径进行区别。最为基本也是最为重要的两类弹药种类是:“手枪子弹”和“步枪子弹”。

手枪子弹在弹药的分类中是威力最小的种类。以9毫米和.45英寸口径(约11.43毫米)两种口径为主流，但是小尺寸的.22口径(约5.6毫米)子弹或者转轮手枪用的.357口径(约9毫米)马格鲁姆弹也是非常受欢迎的手枪子弹。

以前欧洲的手枪以9毫米口径为主，美国手枪的主流口径则是.45口径。现在基本都已经以9毫米口径的手枪为主了。冲锋枪使用的子弹大多是手枪子弹，个别会使用增加了发射火药的“强装弹”。

步枪子弹的主流口径是7.62毫米和5.56毫米两种，直径要比手枪子弹小，但是因为发射火药的种类以及分量都与手枪子弹不同，所以威力要比手枪子弹大很多。而且步枪子弹的弹速要比手枪高很多，所以能够轻松穿透普通防弹背心或者比较薄的掩体。

手动栓式步枪使用的是全尺寸的步枪子弹，突击步枪使用的是较为短小的“中间型威力枪弹”。较小的子弹能够减少自动射击时的后座力，让枪易于控制，而且尺寸变小以后，能够携带更多的弹药。

搭载在直升机或者车辆上的勃朗宁M2重机枪所使用的弹药要比步枪子弹更大，一般是12.7毫米。机枪子弹的威力比步枪子弹更大，可以作为反器材步枪之类的特殊步枪的弹药使用。

弹药的分类

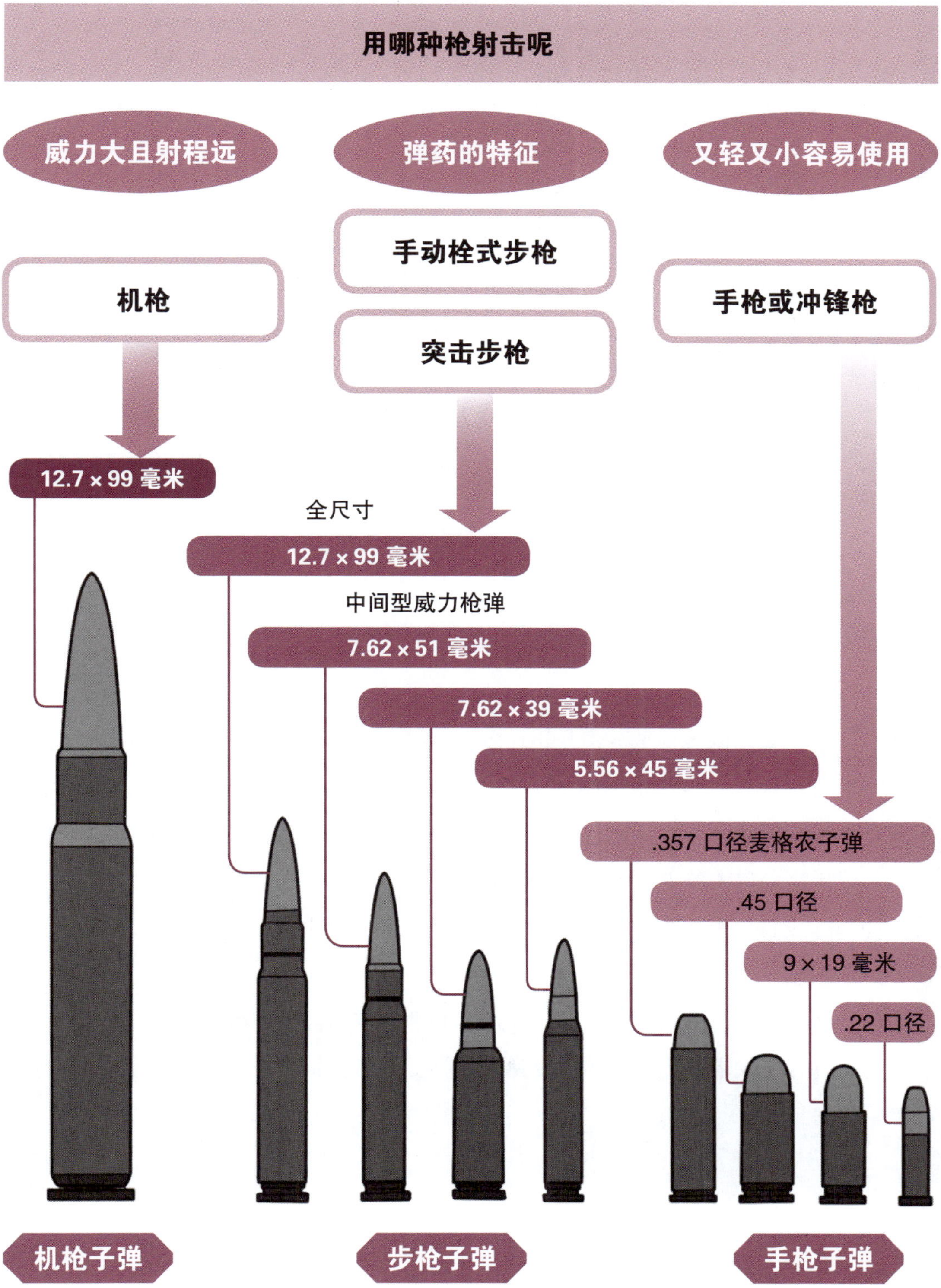

用哪种枪射击呢
威力大且射程远
弹药的特征
又轻又小容易使用
手动栓式步枪
机枪
手枪或冲锋枪
突击步枪
12.7×99 毫米
全尺寸
12.7×99 毫米
中间型威力枪弹
7.62×51 毫米
7.62×39 毫米
5.56×45 毫米
.357 口径麦格农子弹
.45 口径
9×19 毫米
.22 口径
机枪子弹
步枪子弹
手枪子弹

No.026 弹药的名称

为了区别不同的弹药，会根据国家、生产商、尺寸等方式对其进行取名，在起名的时候也是有一定的规则的。

口径 + 弹壳尺寸和性能

弹药的称呼很大范围内都有一定程度的普遍性，最为常见的方式就是以口径来进行区别，军用弹药一般都使用这种称呼方式。在第二次世界大战以后，出现了东西方阵营对峙的状态，双方之间的弹药类型和称呼出现了差异，但是在自己阵营内部依然保持一致。

举例说明，常见的手枪子弹是 9×19 毫米、步枪子弹则是 7.62×51 毫米和 7.62×63 毫米。这种标记方式最大的特点是能够区别口径相同但是弹种不同的弹药。

不同的弹药由于弹头形状的不同有着不同的性能。比如圆头和尖头的弹头在飞行轨迹、命中目标以后的破坏情况都有所不同。为了在这方面做出区别，会在弹药名称中加入表示弹头形状的称呼，“圆头弹”、“平头弹”就是这种标记方式的代表。

通常弹药的弹头部分都是铅块制成，但是也会根据特殊的用途进行处理，成为特种弹药。最为常见的加工方式就是在铅块表面包覆铜、钢等金属来防止弹头变形的“全金属被甲弹”。其他特种弹药还有用钨合金等材料制作弹芯以提高穿透力的“穿甲弹”、在弹头内装有炸药的“高爆弹”、装入燃料的“燃烧弹”或者“曳光弹”等等。为了区分这些特殊的弹药，会在弹头部分着色以示区别。

还有一些比较特殊的子弹，在形状和性能方面都很有特点。例如空尖弹，是一种弹头尖端凹陷的子弹，在弹头种类上属于扩张型弹头。

弹药的称呼方式

根据形状分类

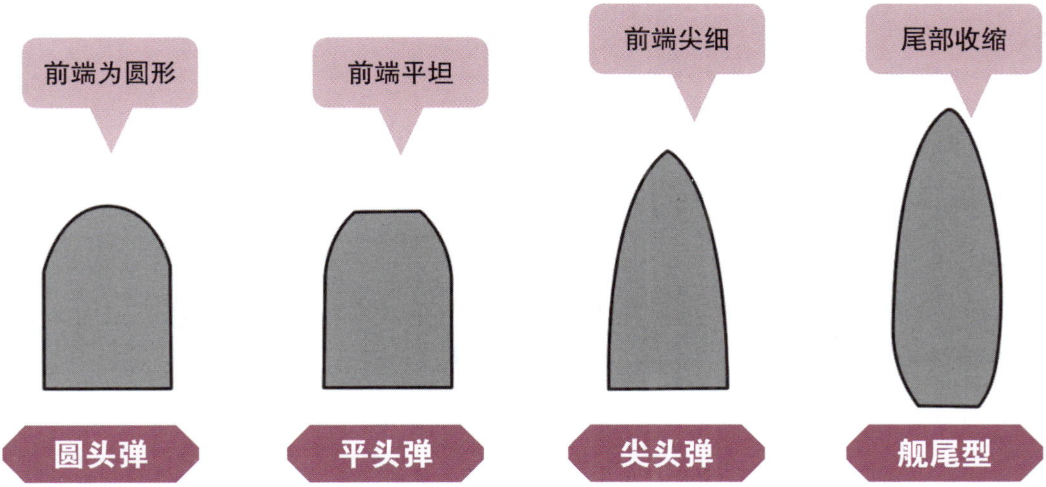

根据性能分类

穿甲弹	以坚硬的弹芯提高子弹穿透力的弹头
高爆弹	用炸药的爆炸力来粉碎目标的弹头
燃烧弹	命中以后用内藏的燃料来引燃周围物体的弹头
曳光弹	发出光芒以便确认弹道的弹头
减装弹 / 强装弹	减少或者增加发射火药的弹头
全金属被甲弹	用金属包覆整个弹头，使弹头不易变形
空尖弹	为了让弹头能够变形，把前端做成凹陷的形状

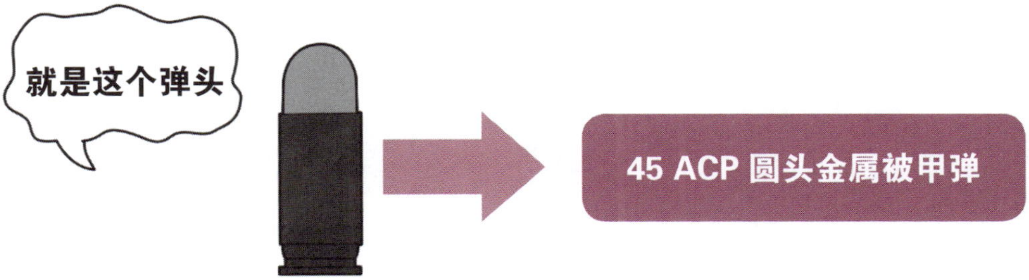

No.027 获取弹药的重要性

在选择枪械的时候，一定要注意枪械所使用的弹药类型，所谓注意不仅仅是口径、性能，最重要的是这种弹药是否容易获得。

稳定的弹药来源

手中的枪如果没有持续的弹药攻击，就无法继续进行战斗。不管枪的性能多么优秀，一旦弹药用完以后，就变成了无用的东西。

尤其是在战场上，如果得不到己方的支援，弹药的补给将会是十分棘手的问题。潜入敌方控制区域执行任务的特种部队士兵，有时会特意使用敌方的枪械，这正是出于弹药补给的考虑。在需要的时候可以从敌人手上或者弹药库夺取弹药。冷战期间，西方国家的特工在苏联阵营国家活动的时候，最长使用的枪械就是苏联生产的 AK 系列。

因此，在选用枪械的时候，枪械的性能以及适合的作战类型固然很重要，但是如果在任务当中不能保证弹药的补给的话，就有可能面临弹药耗尽的困境。这也是为什么有时候特种部队的士兵会选择使用当地比较“普遍”的弹药的枪支。

军用的枪械在研发时，首先所决定的因素就是使用的弹药类型。因为一般同盟国或者同一阵营当中所使用的弹药都是统一的。而一些走私的枪支或者用来贩卖的枪支则会根据世界各地的市场情况，对所用的弹药类型进行变更。这就导致了在不同地区，即使是同一型号的枪支，所使用的子弹类型也会有所区别。

以苏联时设计生产的 AK 系列为例，现在 AK 系列枪支已经遍及世界各地，但是弹药类型与苏联 / 俄罗斯所用的却不尽相同。欧美地区的 AK 系列枪支使用的是北约标准的弹药。

弹药的补给

在选用枪械的时候，选择容易在当地取得弹药的枪才是理想的做法

理由

弹药供给不足的话，很难保证完成任务

例如某国的情报员在欧洲活动时会选择使用欧洲十分普及的“帕拉贝鲁姆 9 毫米手枪弹”的枪械

马卡洛夫 9 毫米手枪弹

帕拉贝鲁姆 9 毫米手枪弹

托加列夫 7.62 毫米手枪弹

如果有这种情况，尤其要注意弹药的补给问题

- 预计会在战斗任务中消耗大量弹药时
- 预计活动时间会很长时

No.028 警用弹药

平时需要携带枪的警察、特警，比较倾向于使用“停止作用（Stopping Power）”强的弹头。

适合警察使用的空尖弹

当警察不得不开枪的时候，通常都要尽力在数枪之内解决案件。在某些重大案件中，疑犯也可能会持有枪械，如果不能在对方反击之前就将其制服的话，有可能会伤及周围的平民，让整个案件更加复杂、恶劣。

因此，警察必须要在短时间内令疑犯丧失行动力。虽然要击中要害令其毙命并不难，但是警察的最终目的不是杀人，而是逮捕疑犯。所以能够在不杀死疑犯的情况下令其丧失行动能力才是最佳的做法。

想要让人停止行动，对其身体进行强力的冲击是常见的做法。警方所使用的“空尖弹”就是一种停止作用很强的子弹。所谓停止作用，就是弹头使目标丧失反抗能力的作用。

空尖弹广泛用于狩猎和自卫，执法，反恐当中，在命中目标以后会扩张成蘑菇状（Mushrooming），原本只有 9 毫米直径的弹头，在进入人体以后可能会变成 10~15 毫米继续前进，破坏人体组织。

一般境况下，警察会瞄准手脚等非要害部位射击，万一遇到不得不射杀疑犯的情况，会连续向疑犯的要害部位发射多发空尖弹。

警方使用空尖弹还有另外一个原因，就是空尖弹在命中目标以后会扩张变形，因此不容易贯穿人体或者门、墙壁等物体，就算是命中硬物以后也会因为扩张而减少跳弹的发生。在人多的地方发生枪战时，能够降低平民被跳弹伤害的几率。

适合警察使用的弹头

作为警察

↓

必须要在瞬间让疑犯丧失行动能力

否则可能会在疑犯反击的时候伤及平民

防止自己的子弹伤及平民

威力太强的子弹可能会贯穿疑犯伤及平民

↓

最为理想的选择是能够让疑犯丧失行动能力，并且对周围的人无害的弹头

空尖弹就是最佳选择

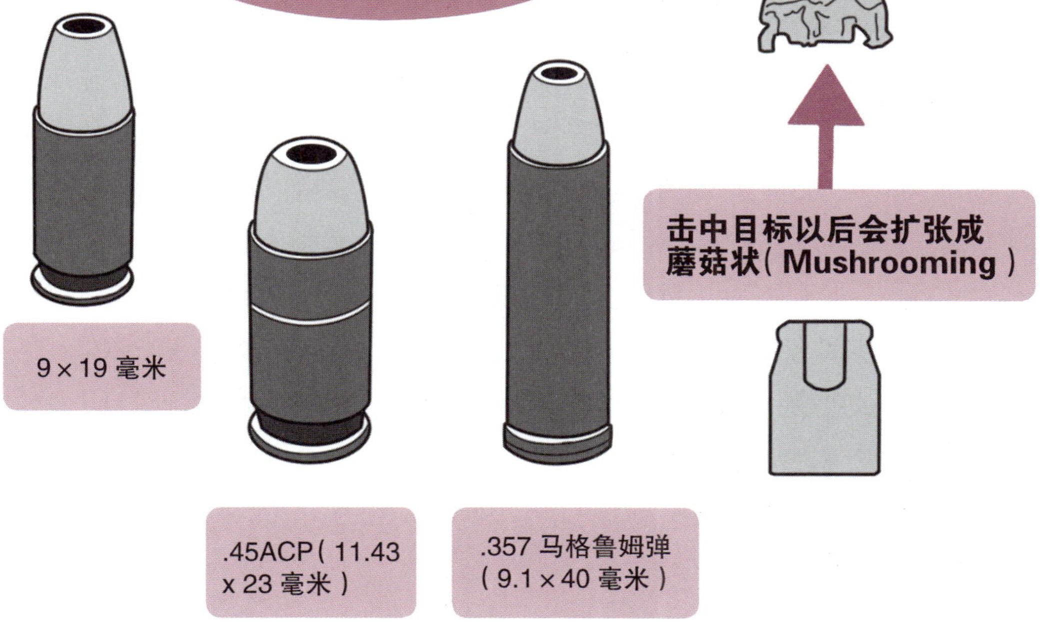

No.029 弹头的颜色为什么不同

我们所见到的子弹十有八九都是黄色的，这是因为金属的弹壳通常都是使用黄铜来制作的。

1
2
3
4
5

弹壳与弹头的材料

由于几乎所有的子弹弹壳都是用黄铜加工制作的，因此弹壳都是黄色的。弹头的颜色就比较多样，虽然大部分也是与弹壳一样的黄色，但是也会出现红色、黑色、橘色等其他颜色的弹头。

弹头的橘色也是“铜”的颜色。军用的弹药一般会使用在弹头表面包覆一层铜的全金属被甲弹，在上色的时候，包覆层要涂成与弹头本来颜色有所区别的暗黄色 / 橘色。

有一种半被甲软尖弹(JSP – Jacketed Soft Point)，也就是俗称的“达姆弹”。弹头的前半部分没有包覆任何金属，裸露的部分是铅，因此弹头前端呈灰色。

射击练习使用的弹头一般是没有任何包覆物的，所以整个弹头都是灰色的。

军用步枪所使用的弹药会选择穿透能力强的穿甲弹，或者是会发光能够用来确认弹道的曳光弹等许多不同类型的弹药。

根据 1899 年的《海牙公约》规定，禁止使用在人体内易于膨胀或变形的投射物，如外壳坚硬而未全部包住弹心或外壳上刻有裂纹的子弹。也就是说，军队所使用的弹药必须是全金属被甲弹，像达姆弹之类的大杀伤力弹药是禁止使用的。

然而，所有的弹头都被包覆了铜以后，外表看起来几乎是一样的，因此需要在弹头部分上色以作区别。例如燃烧弹的弹头是黑色的，曳光弹是红色等。弹头颜色的划分在各个国家也都有所区别。比如以前北约各国的红色弹头表示曳光弹，而与之对抗的华约各国则是用绿色来表示曳光弹。

弹头的颜色

因为材质不同，弹头的颜色也会改变

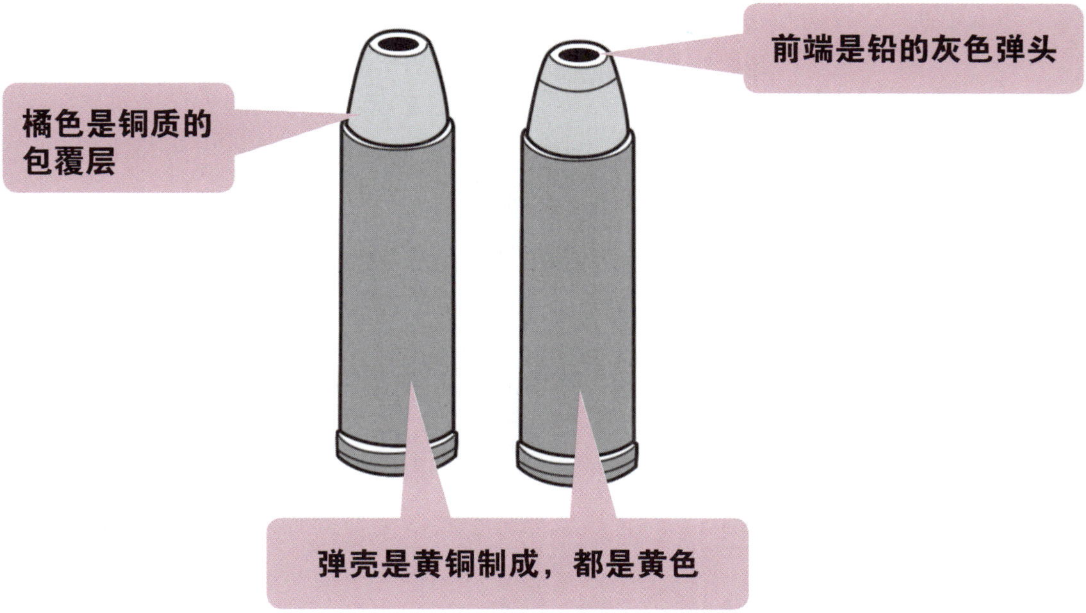

弹药的种类增加以后，从外表上无法判断弹药类型

↓

在弹头部分上色以作区别

根据性能分类

弹种	颜色
穿甲弹	黑色
穿甲燃烧弹	银色
燃烧弹	浅蓝色
曳光弹	红色

No.030 真枪能使用彩弹吗

近年来真人射击游戏非常流行，在游戏当中，进行枪战所使用的枪支是发射彩弹的彩弹枪，命中以后会在对方身上留下醒目的颜色。

彩弹枪的作用

彩弹枪的前身是一种气动式的麻醉枪，用在牧场麻醉牲畜以后将之隔出治疗或扑杀，但是麻醉针剂又不能在平常练习中使用，一旦要使用于麻醉牲畜时又担心枪法不准，所以用内装彩色颜料的圆球，作为平时练习枪法的最佳方式。

警察或者军队把这种彩弹枪应用到训练当中，用来取代危险性很高的实弹训练。

彩弹枪的构造和原理都与真枪不同。大多数彩弹枪依靠压缩气体的压力进行发射，比如一罐液态二氧化碳或压缩空气。更换弹匣或者解除保险装置等动作也与真枪不同，所以不断进行彩弹枪训练并不能对实际用枪起到多大帮助。

考虑到这一点，在 1980 年代后期，加拿大的 SNC 公司（SNC Technologies Inc.）研制了一种把真枪改装成发射彩弹的 FX 弹，FX 是 SNC 公司的注册商标。该弹药的全称为“FxMarking Cartridges”，意为标记弹药。FX 弹的外形与实弹非常接近，由弹壳、底火、发射药、弹托（左轮式手枪使用的是无弹托标记弹）和标记弹头等构成。

由于这种弹药的外形与实弹非常接近，所以可以使用真枪射击。因而在训练过程中操作武器的动作、操作程序与使用实弹射击基本无异，给操作人员的感受非常真实。而且弹药的威力适中，对于按规定穿着专用护具的人员有足够的安全保障，同时，也保证了相应真实、清晰的中弹感觉。中弹后轻微的痛楚和皮外伤更加深了参训人员对动作错误产生后果的记忆。这种带有强大压力的“疼痛教育”大大提高了训练效果。

彩弹枪与彩弹

以前的真枪是是无法发射彩弹的

彩弹枪的鼻祖（气动式的麻醉枪）

为牲畜做记号的彩弹枪

内藏压缩空气来发射彩弹

但是

FX 弹登场以后真枪也可以使用了

金属弹壳

树脂制底座

彩弹

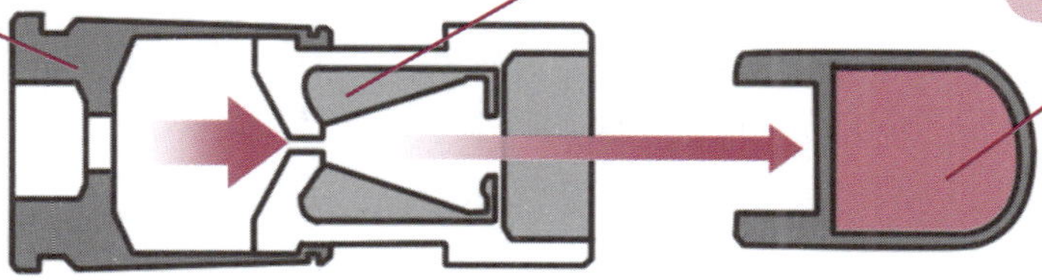

弹壳内的压力通过底座来适度降低，把彩弹发射出去

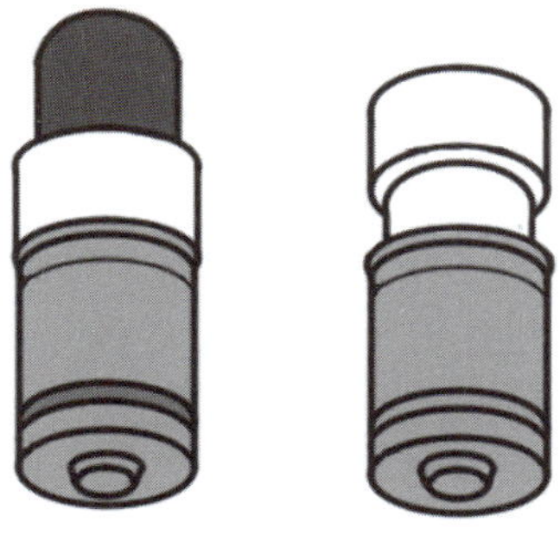

使用前

使用后

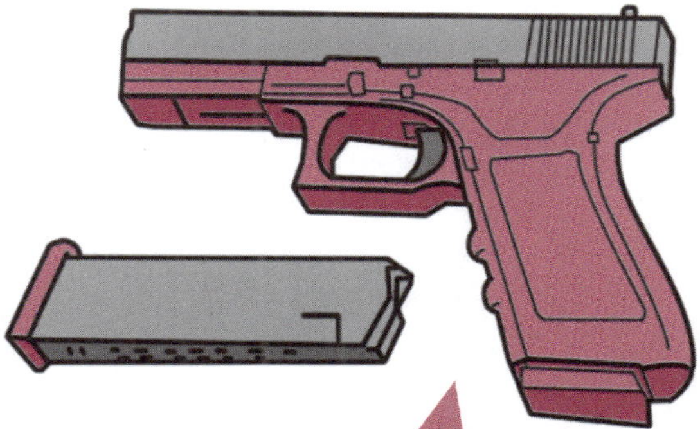

使用 FX 弹训练时，为了避免使用 FX 弹的枪与装填实弹的枪混淆，枪身会涂成蓝色

No.031 不会跳弹的子弹

跳弹是指子弹以一定倾斜角击中光滑的硬物时，子弹很容易被反弹，击中其它物体。

粉碎型弹头

警察等执法机关，使用的弹药大多是空尖弹，这是为了防止弹头贯穿疑犯的身体或者降低打中墙壁等建筑物时反弹称为跳弹的危险。

但是就算是空尖弹，弹头依然是金属块，击中坚硬的物体时还是存在反弹的可能。为此而出现的是“粉碎型弹头”这种特殊的弹药。所谓粉碎型弹头，是把铜、锡、锌等金属粉固定成型的弹头，在击中硬物以后就会粉碎，避免了跳弹的产生。使用这种弹头的话，就算是在人群比较密集的地带，也不用担心子弹击中墙壁以后反弹误伤平民。

但是这并不意味着粉碎型弹头威力不强。粉碎型弹头在击中人体等比较柔软的东西时，会和普通的弹头一样钻入人的身体。而且在贯穿身体之前就会碎裂开来，只会伤害目标，不会出现贯穿以后伤及他人的情况。因此粉碎型弹头在室内战斗中常常被当作特殊弹药使用。

粉碎型弹头除了当作手枪子弹使用以外，有时候也会用在步枪或者霰弹枪的弹头。这是因为以前室内战斗的主流枪械是手枪与冲锋枪等发射手枪子弹的枪械，而如今由于反恐作战的需要，使用突击步枪等威力更大的枪械在室内战斗的情况也非常常见。

和以铅制成的普通弹头相比，以金属粉末制成的粉碎型弹头受膛线的作用力较小，因此弹头无法充分旋转，从远距离进行射击的时候精度并不高。

命中后就会碎裂

所谓的粉碎型弹头（Frangible Bullet）是……

不管弹头有没有命中或者贯穿目标，通常都不会造成二次伤害

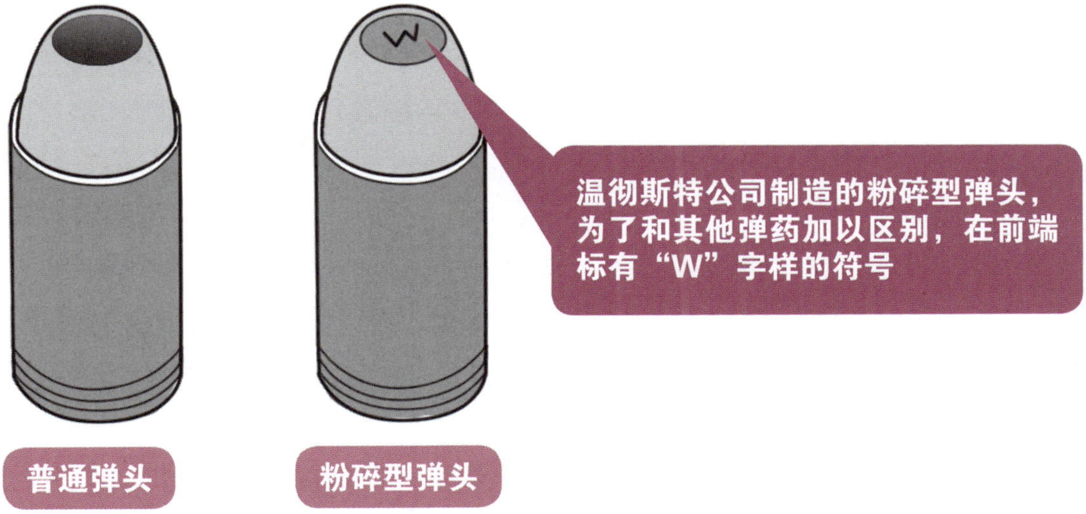

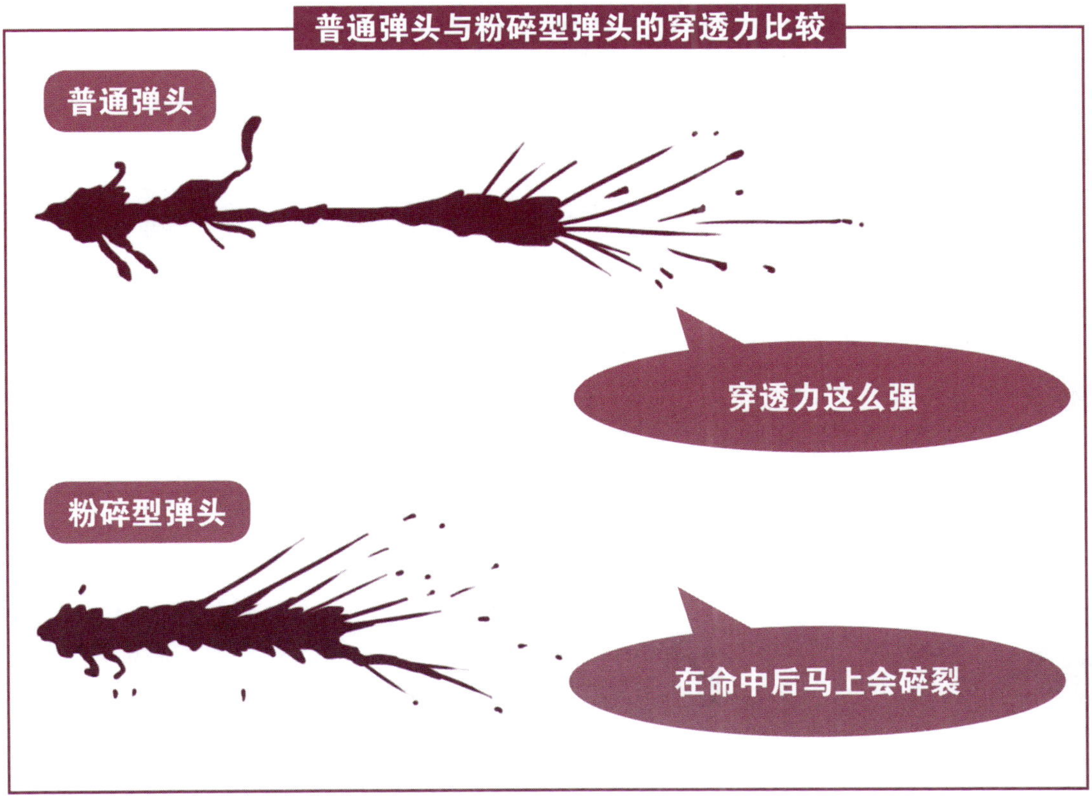

No.032 打不死人的子弹

在一些情况下，需要用枪击倒对方但是又不能令其死亡。这时候应该使用哪种弹药呢？

特殊情况中使用的弹药

在仅仅是进行火力压制却不能伤及目标性命是很难的事情。就算是避开要害，瞄准目标的手脚等部位射击，还是有“致死”的可能性。在这种情况下，用一种不会打死人的弹药会比较放心。

在进行刀剑打斗训练的时候，会选用木制的刀剑，这样能够保证就算砍中对方的身体也不会造成伤害。那么弹头可不可以像刀剑一样采用木制来降低杀伤力呢？

有一种名为“Wood Chip”的弹头，是将碎木屑用树脂固定成型或者用软木制成，这种弹头的制作概念和用金属粉末制成的粉碎型弹头相似，但是木制弹头不会钻入人体内，在击中人体表面的时候就会碎裂了。

由于弹头本身需要具备一定的密度才能承受得住发射时的加速度以及冲击力。因此木制弹头在击中人体表面时就会碎裂，但是造成的疼痛感依然很强。要是击中眼睛等重要部位的话，也可能对人造成伤害。

尽管如此，木制弹头和铅制弹头相比，杀伤力还是要弱许多。因此被定义为“非致死性弹药”。除了木制弹头以外，橡胶弹等其他非致死性弹药也在训练中广泛使用。

在实战中还有一种适用的弹药，就是在被弹药击中地方留下颜色的彩弹。加拿大的 SNC 公司（SNC Technologies Inc.）研制 FX 弹是最为常见的彩弹，现在许多国家的军队和警察都已经采用。使用 FX 弹进行训练时非常真实，能够有效地提高训练效果。

非致死性弹药

在需要压制目标却不希望令其致死的时候使用

训练或者镇压暴动时	训练
↓	↓
非致死性弹药	**彩弹**

被橡胶弹或者木制弹头击中也会很痛

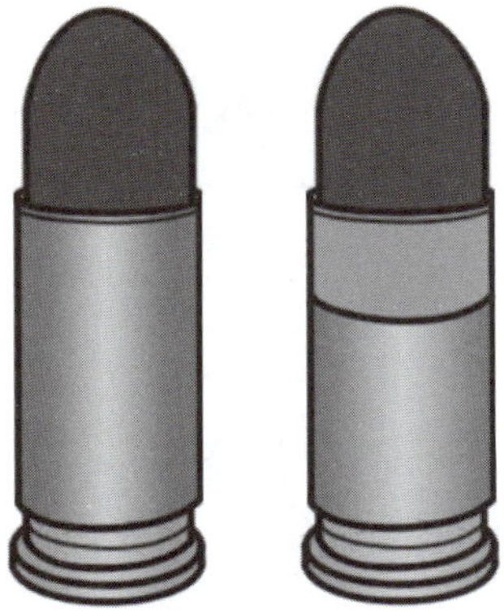

橡胶弹

树脂弹

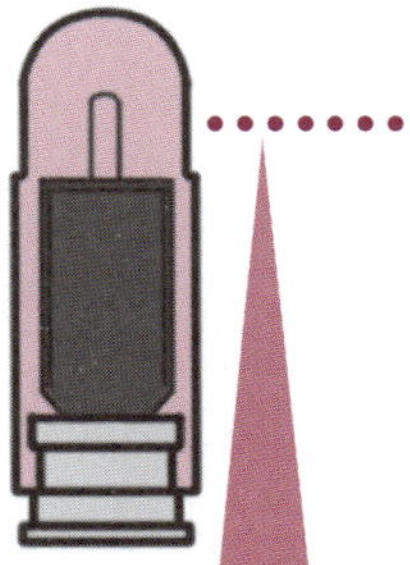

会从这里断裂，让前端的树脂弹头发射出去

击中的话会碎裂的粉碎型弹头

无需对枪支进行改装，可以直接使用，射程和命中精度都与普通子弹无二。根据情况可以作为普通子弹的替代品使用

No.033 帕拉贝鲁姆9毫米手枪弹

帕拉贝鲁姆9毫米手枪弹是目前世界各国使用最多的军、警、民用弹，是现代弹药的标准规格。

9×19毫米

帕拉贝鲁姆（Parabellum）指的是由德意志武器弹药制造公司设计发展的枪枝和弹药，这个词来源于拉丁谚语："si vis pacem, para bellum"——"如果想要求得和平，必先准备战争"。

帕拉贝鲁姆毫米手枪弹又名9毫米北约制式手枪弹，9×19毫米手枪弹，是目前世界各国使用最多的军、警、民用弹。为提高帕拉贝鲁姆手枪的停止作用，德国工程师乔治·鲁格与德国武器弹药公司合作，于1902年研制成该弹。

最先使用帕拉贝鲁姆弹的是M1902年式卢格手枪，1904年德国海军正式采用此弹，1908年德国陆军也正式装备这种枪弹。之后许多国家相继采用，1953年北约国家将其定为制式手枪弹，美国从1986年开始采用该弹。目前，除俄罗斯等国外，还有50多个国家制造此弹。

帕拉贝鲁姆9毫米手枪弹弹头较小，弹壳细长，所以可以将装在握把中的弹匣设计成弹容量较多的双排弹匣（Double-column Magazine），对平时需要携带枪械的人（警察等执法人员）来说，是种非常实用的弹药。

帕拉贝鲁姆（Parabellum）9毫米手枪弹与.45口径（约11.43毫米）手枪弹相比，质量只有.45口径手枪弹的一半，但是子弹的速度却是2倍。而且由于9毫米手枪弹比较小，穿透力更高，后座力也更弱。

相对而言，习惯使用.45口径的人会觉得9毫米手枪弹威力不足，停止作用不够强。

帕拉贝鲁姆（Parabellum）

Parabellum 这个词来源于拉丁谚语：“si vis pacem, para bellum”——“如果想要求得和平，必先准备战争”

帕拉贝鲁姆 9 毫米手枪弹

特点

- 后座力较小
- 比 45 口径子弹速度高、穿透力强
- 弹壳细长，能够使用弹容量较大的弹匣

MP5 冲锋枪

M9 手枪

瓦尔特 P38 手枪

威力、弹容量之间达到了平衡，成为军用枪以及警用枪的主流

No.034 什么是多弹头子弹

一般的子弹都只有一颗弹头，如果敌人正好站成一排的话，也许子弹会贯穿前面的敌人连同后面的人一起打倒。

可以一次打倒 2 名敌人

丛林中是非常不适合枪战的地方。茂密的树木会阻挡视线，能够藏身的地方很多，加上光线昏暗，在瞄准和射击的时候都会受到很大阻碍。

在这种环境中多是采用全自动射击的方式，用多发子弹来攻击敌人。虽然全自动射击制造的“弹幕”能够起到很明显的效果，但是弹药的消耗量也会随之攀升。

一个人能够携带的弹药数量是有限的，如果每次战斗都采用这种战术的话，弹药自然是不够用的。考虑到弹药补给的因素，很少有人会这样无限制地进行射击。

为此，有人设想在一枚子弹上安装多个弹头来提高子弹的威力。其中最有名的就是越南战争中美军所使用的多弹头子弹。这就是一种为了在雨林中攻击更多的敌人而研发出来的弹药。

多弹头子弹乍一看与普通的子弹并没有什么区别，但是在弹药前端装有两颗弹头。第一颗弹头与普通子弹的弹头并无差别，第二颗弹头的底部采用斜面射击。开枪以后，第一颗弹头会按照瞄准的方向朝目标飞行，而稍晚一点从枪口飞出的第二颗弹头则会因为斜面的原因偏离前一颗弹头的弹道。在以 7.62 毫米北约制式步枪弹为基础制成的多弹头子弹中，在 100 米的距离，第二颗弹头会命中第一颗弹头弹着点周围 30 厘米以内的地方。

或许是因为实战效果并不明显，这种弹药并没有继续研发。

一发子弹打倒多个敌人

如果敌人呈直线排列

穿透力强的弹药可以一次穿过多名敌人的身体

但是敌人排成直线的情况纯属偶然

多弹头子弹

第一颗弹头	按照射手瞄准的方向飞行并命中目标
第二颗弹头	飞行的弹道稍微偏离瞄准方向

多弹头子弹的弹头要比普通的弹头轻，这样做牺牲了子弹的威力和射程，实战效果并不理想

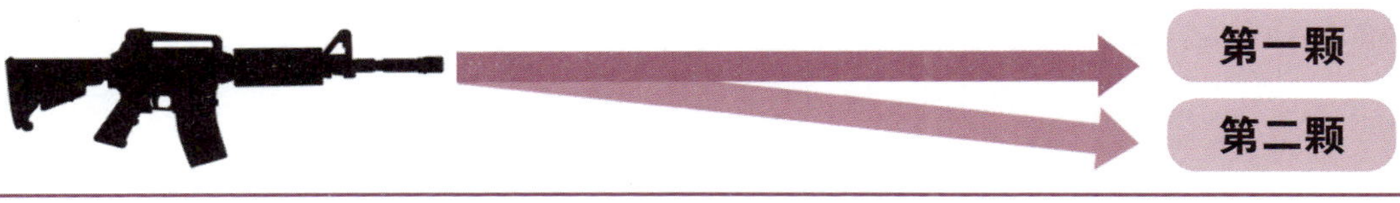

No.035 暗算专用枪

有没有一种枪可以像潜望镜一样，让人呆在安全的地方就能对敌人进行攻击？

只露出枪管进行射击

第一次世界大战的主要战斗方式就是双方躲在各自挖掘好的战壕中，互相瞄准射击，这种方式叫做战壕战。如果不小心将身体露到战壕外面，就可能成为对方的靶子。

在第二次世界大战末期，美、英、苏盟军部队在攻克柏林的巷战中，发现德国士兵使用了一种神奇武器——弯管枪，其结构和功能十分奇特。使用这种弯管枪，整个人可以隐蔽在墙后，枪管则沿墙角弯曲前伸，能够在自己完全隐蔽的情况下杀伤敌人。

弯管枪的枪管采用弯曲的形式，利用潜望镜进行瞄准。虽然没办法进行精确射击，但是只要将子弹射向一定范围内，就能起到相应的实战效果。

然而这种枪并没有得到普及，因为弯曲的枪管在运输以及保养等方面都有诸多不便，枪管的制造加工所花的成本也要高很多。而且装上弯曲的枪管时是不能用平常的方式进行射击的，并不是所有人都能习惯使用。

因此，弯管枪除了躲在暗处进行偷袭以外，基本也没有其他的用处了。

现在也有类似于弯管枪的枪械，这种枪叫做墙角枪（Corner Shot）。使用墙角枪可以躲在在墙角一侧向另一侧射击，让拐角成为对自己有利的地形。“墙角枪”由两部分组成，前半部分包括一把手枪和一个彩色摄像头，后半部分包括枪托、扳机和监视器。两个部分通过折页装置连接，因此前半部分既能向左转，也可以向右转。枪手用墙角挡住自己身体，把枪伸出去，就能通过监视器观察敌情。

躲在隐蔽处进行攻击

过去尝试过制造各种弯管枪

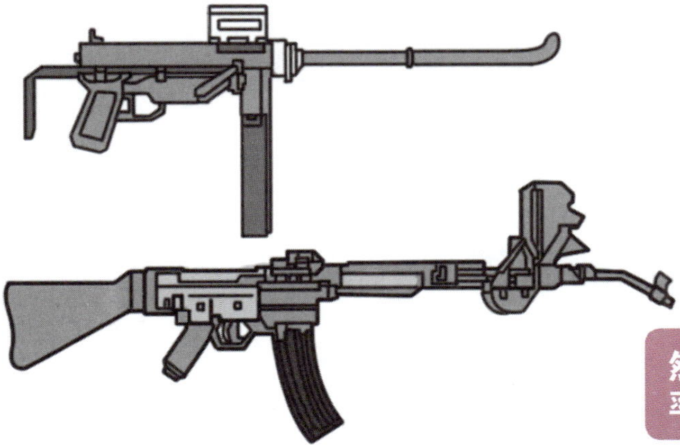

然而因为枪管是弯曲的，命中率和射程都有所不足

现在类似于弯管枪的枪是墙角枪

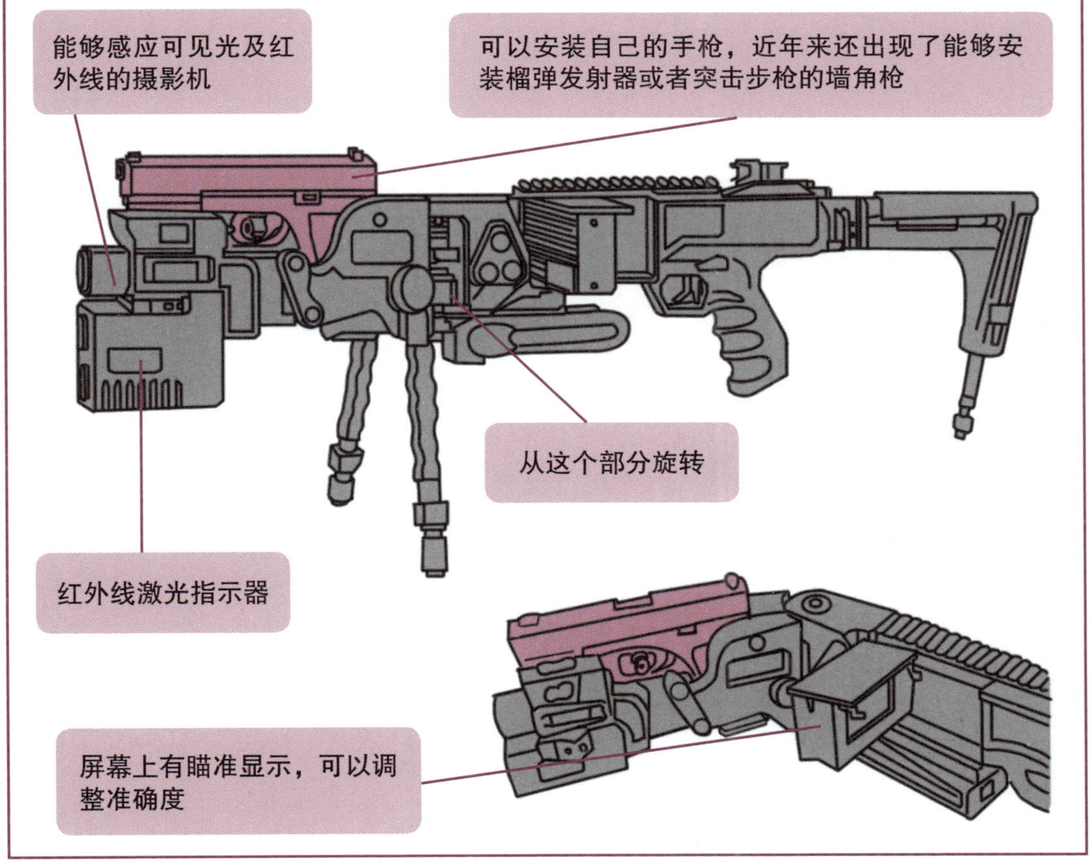

No.036 可以发射“火箭弹”的手枪

火箭弹是带有自推动力装置的弹头。大多搭载于战车、飞机等大型兵器上，有没有一种小型的火箭弹可以用手枪来发射呢？

Gyrojet 火箭式枪械

在用手枪进行射击的时候，最容易影响射击精度的就是后座力。那么怎样减小甚至消除后座力呢？使用火箭手枪弹能够从根本上减轻射击时产生的后座力。因为这种弹药是依靠内藏的燃料来自行飞行的火箭弹，比起普通的手枪弹后座力要小很多。

美国 MBA 公司研制的 Gyrojet 火箭式手枪正是发射这种子弹的，从名称就可以看出，它与普通的枪械有着很大差别。Gyrojet 火箭式手枪使用的弹药是 13 毫米口径的火箭手枪弹（后来又研制了 12 毫米的，以遵守美国关于民用枪支口径不大于 0.50 英寸的要求）。

普通的弹药在飞行时的最高速度就是刚刚从枪口射出时，之后则会由于空气阻力等原因变得越来越慢，在攻击远距离目标的时候威力会下降。而如果是火箭弹的话，子弹从枪口射出以后，会继续加速，因此能够增加射程，并且提高远距离攻击时的威力。

在用火箭手枪弹射击时不需要退出弹壳，也就没有击发后的退壳动作，所以内部结构较为简单。

火箭式手枪后座力小、射程远、构造简单便于生产，看上去几乎是一种完美的枪械，然而最大的不足却是它最为引人瞩目特点——火箭手枪弹。火箭手枪弹采用火箭喷射式的加速，在达到最高速度之前需要一段时间，因此这种手枪在近距离战斗中威力显得不足。而且弹药的制造成本高，供应量无法满足消耗，所以并没有成为一种普遍使用的枪械。

革命性的弹药

不是靠燃烧火药产生的压力飞行，而是用子弹内藏的燃料飞行

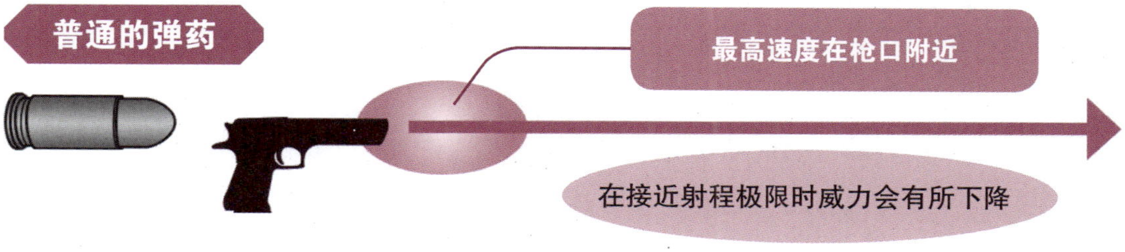

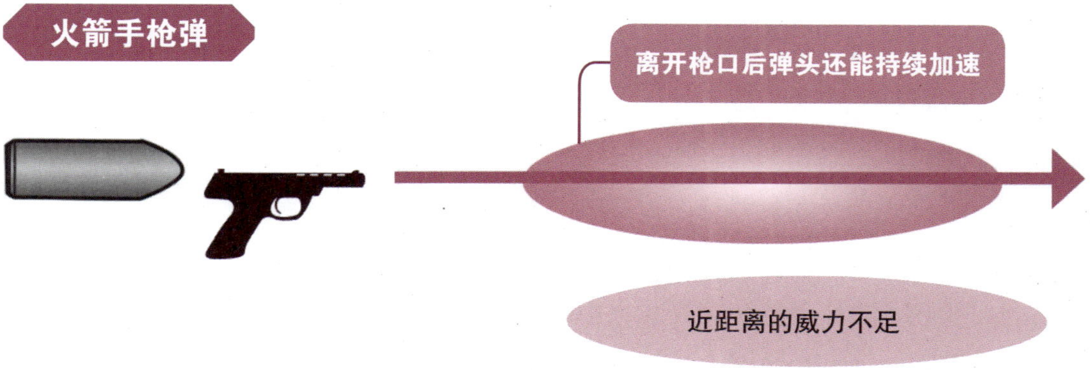

火箭式手枪

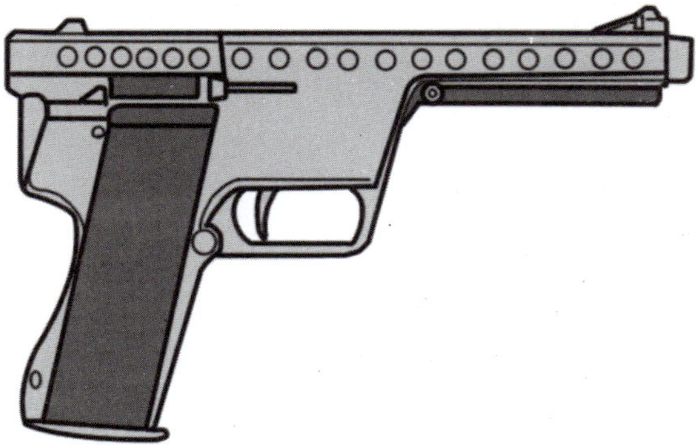

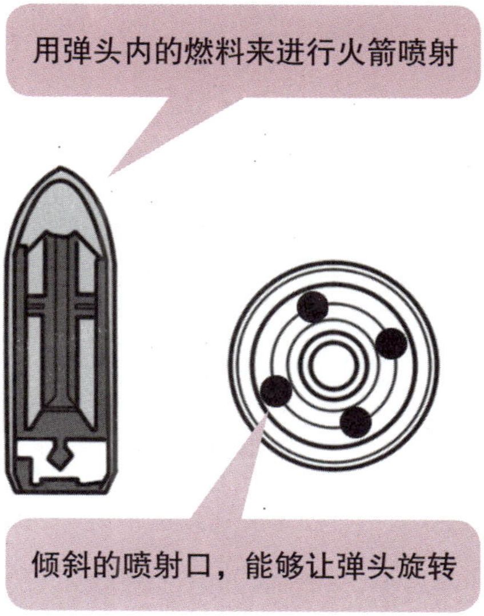

火箭式手枪的优点

- 后座力小
- 发射枪声小

专题：警匪枪战

警察是负责执法、维持公共安全，保护性命及保障财产的职业。对于无视法律的犯罪来说，警察就是他们的天敌。针对任何违法犯罪的行为，警察都会严厉地履行他们执法的权利。

有一些穷凶极恶的犯罪分子，会妄图通过武器与警察进行对抗，因此常常会有一些持械行凶、绑架人质、甚至是恐怖行动发生。这时候，警察会怎么做呢？

各个国家警察是否持枪的政策不一，许多国家地区的警察并不能随身带枪，比如英国；而有些国家地区则可以，比如美国。

以苏格兰场（伦敦警察厅）为代表的英国警察，在外出的时候是不会佩戴手枪的，但是他们对各种枪械的了解程度可以说是熟记于心，在技术和心理状态上也能排在世界各国警察中的前列。他们不随身佩枪的原因是为了不主动刺激疑犯，一旦对方用枪的话，全副武装的警察会在几分钟内赶来支援。

美国人向来认为枪是守护自由与正义的工具，因此枪是美国警察不可或缺的装备。美国警察对于枪械的性能了解和技巧练习可谓是不遗余力。虽然各州之间的规定也有不同，但是身上佩枪、警车中备有霰弹枪或者步枪绝对不是稀奇的事情。疑犯很可能因为向警方示威而把枪口对准了警察，如果这么做了，很快就会被打成马蜂窝。

第三章
实用枪战技巧

No.037 手枪的正确握法

手枪外形小巧，便于携带，但是手枪不能像步枪那样进行精确射击，要提高精准度的话，首先要正确握持手枪。

正确的握持方法很重要

手枪的重量比起其他枪械要小很多，基本都在 1 千克左右，其本身的重量是无法抵消发射时的后座力的，因此在握持手枪时，要用整个手掌来包覆、固定住握把，通过整只手臂来抵消。

基本握持方法是让手掌弯曲，以虎口部位对着手枪握把的脊线，除了食指以外的其他手指牢牢包覆住整个握把。手掌较小的人按照这种方式握枪以后可能会影响扣动扳机，所以要根据自己的是实际情况进行适当调整。最好是改用握把较小或者扳机行程短的单动式枪击的手枪。

用双手持枪时，是以一只手持枪，另一只手包覆在上面帮助稳定手枪。根据射击目的的不同，另一只手在辅助时可以采用不同的角度。这种差别会由于个人持枪的习惯或者爱好而不同，不能一概而论。在射击中为了增加稳定度的话一般采用“韦佛式射姿（Weaver Stance）”，要是为了分散后座力的话则会使用“等腰式射姿（Isosceles Stance）”。

与单手持枪相比，用双手射击时精确度更高。但是如果要从掩体后面射击或者受伤的话，可能无法进行双手射击，因此最好平时单、双手射击都加以练习。

在握枪的时候，除了准备开枪时，食指都不要扣在扳机上。防止因为意外地抖动或者其他动作引起枪支走火伤及同伴。当然，在特殊的情况下，比如周围环境视野不佳，无法判断敌人会从哪里出现时，可以将食指扣在扳机上以便随时开枪。

正确的手枪握法

单手持枪

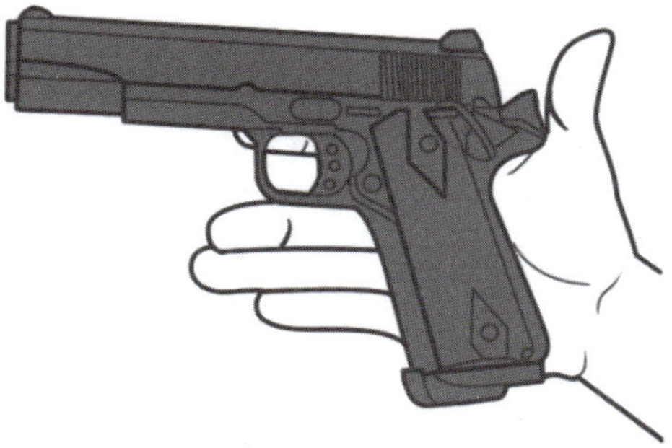

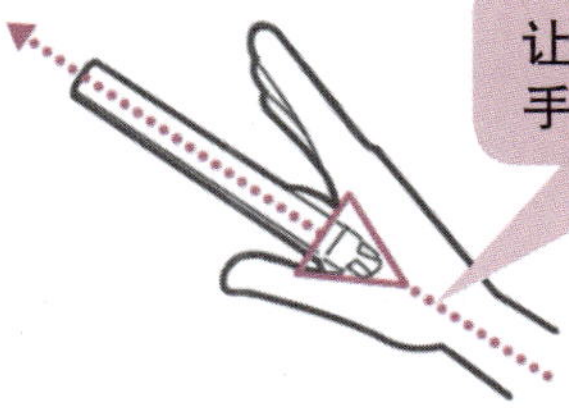

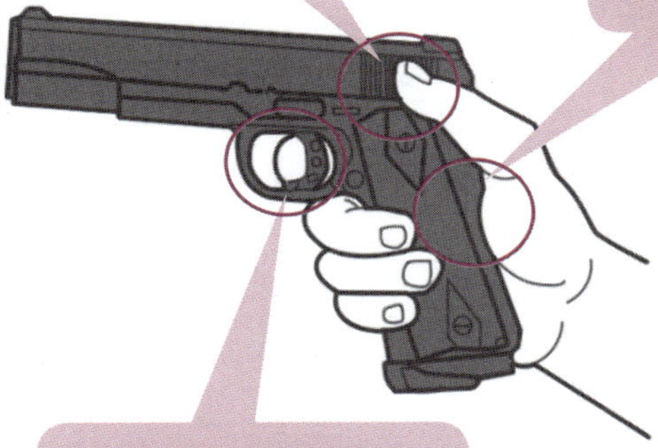

虎口中心部位贴在握把的脊线上

其余手指包覆握把。

双手持枪

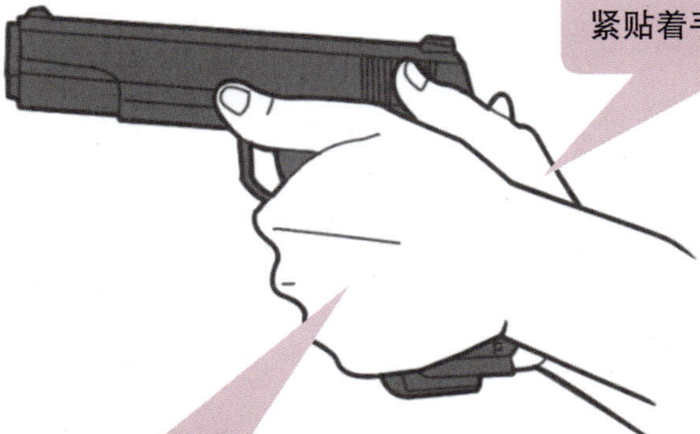

与单手持枪相比，双手持枪的命中率更高

No.038 步枪的正确持枪方法

步枪的枪身较长，重量也比手枪重很多，可以根据护木、枪托调整适合的持枪方法。

步枪的基本持枪方法

在使用手动栓式步枪的时候，几乎没有多余的持枪方法可以选择。一般都是右手握在握把上，食指扣着扳机，左手支撑枪管前方，枪托的尾端抵住右肩。这种姿势是使用手动栓式步枪时的最基本方式。根据情况的不同，有时会加上枪带帮助稳定枪支。

能够进行自动射击的突击步枪，在持枪方法上就有多种选择了。右手握持握把这个基本动作是不变的，但是左手的握持位置、枪托的使用方式都有其他的选择。

突击步枪的前半部分设有护木包住枪管，防止由于枪管太热烫伤手。在射击时，左手可以托住护木，帮助稳定枪支。除了这种方式以外，在进行自动射击的时候，左手会为了防止枪口跳动而采用从上往下压住枪管的持枪方式。

使用突击步枪射击的时候，把枪托抵在肩膀上是最为基本的姿势，有时候也会故意夹在腰间。但是夹在腰间的时候无法使用瞄准具，因此不能在进行精确射击时使用。使用这种方式的优点是肩部不用承担枪械的后座力，可以减轻疲劳。

在一些小说或者影视作品中，常常会有一些使用两只步枪进行射击的角色，持枪的方式正是左右两侧腰间各夹一把。当然，用这种方式持枪的话需要有超乎常人的握力和腕力，毕竟步枪的重量要比手枪重得多。

在进行狙击的时候，还会把枪抵在沙袋等物体上保持稳定，这时候空出的左手会放在枪托上固定枪身。

步枪的持枪方法

以肩膀（枪托）+右手（握把）+左手（护木）三点来固定步枪

一般的步枪射击姿势

以此为基础

No.039 如何判断自动手枪的装填状态

自动手枪与转轮手枪不同，无法一眼就看出枪膛内有没有子弹。只有把弹匣拿出来才能确认里面还剩多少弹药。

如何确认装填情况及剩余弹药

自动手枪是可以自动装填、单发射击，用弹夹供弹，有空夹挂机装置的手枪。在射击之前，首先要确认弹药有没有上膛。有的自动手枪有显示弹药是否上膛的显示杆（Loaded Indicator），确认比较简单。在枪膛内有弹药时，退壳口旁边会有标记，或者套筒后的退壳钩会突出。

但是如果是没有这种功能的枪，可以通过后拉套筒的方式上膛。此时，如果枪膛中没有子弹，这个动作会完成子弹上膛；如果原本枪膛中已经有一颗子弹的话，就会将枪膛中的子弹排出，重新装填一颗子弹进入枪膛。

在一些警匪片中，我们常常可以看到警察进入疑犯藏身的建筑物时会采用这种手动的方式进行上膛，一方面是为了确认枪膛中装有子弹，另一方面可以用来显示紧张的气氛。

自动手枪弹匣中剩余的弹药数量，从外表是看不出来的，必须要把弹匣从握把中拿出来才知道。在弹匣的侧面有几个小洞，小洞旁边会等距离地标上“5、10、20”等数字。也就是说，通过这些小洞和数字，就能大概知道弹匣中还有多少子弹。

当自动手枪的最后一发子弹射完后，弹匣托板会顶住卡榫，将套筒固定住，重新更换弹匣后，再以拇指按下卡榫就能再次上膛。

总之，在拿到枪以后，首先要做的就是确认弹药的装填情况。

确认手枪的剩余弹药数

枪膛内是否装有弹药可以有显示杆来确认

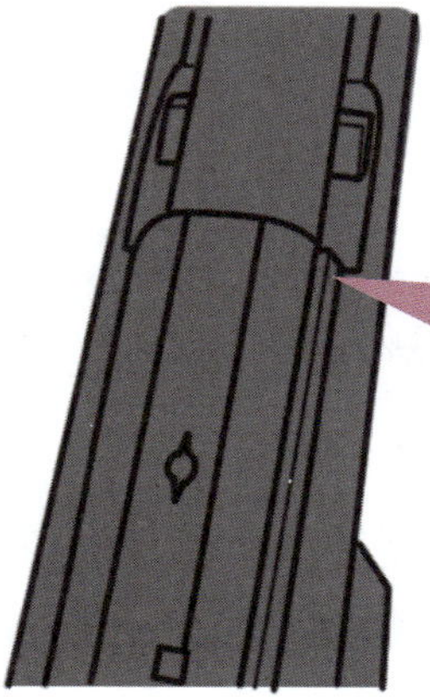

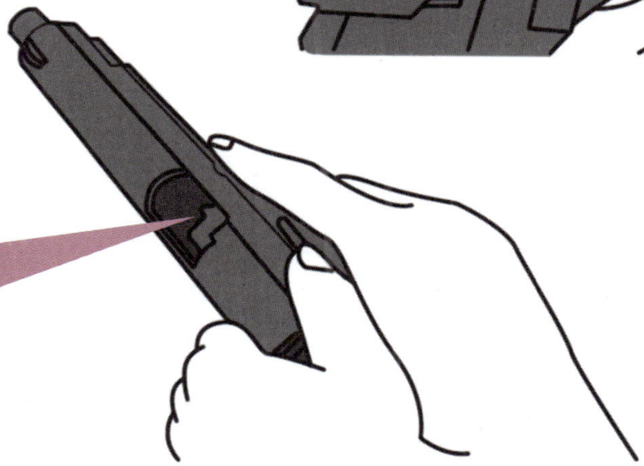

想知道还剩多少发子弹需要拔出弹匣确认

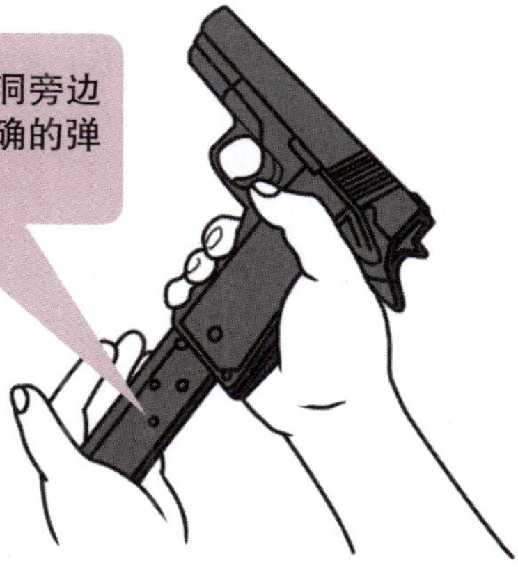

专业人士在用枪的时候会准确的记
住自己已经发射了多少弹药

No.040 用完的弹匣应该怎样处理

在一些电影中，常常会看到主角非常潇洒地将弹匣丢在地上，然后装入事先准备好的新弹匣，现实中也是这样吗？

弹匣并不是消耗品

盒型弹匣为最常见的供弹具，以内部的弹簧把弹药推至弹匣口，一般使用在手枪、自动霰弹枪、冲锋枪和步枪上，又可细分为可拆式弹匣及固定式弹匣。在弹药用完以后，只要换上之前装填好的新弹匣就可以继续战斗了。

与电影中不同，使用过的空弹匣一般是不能随手乱丢的。随意丢弃弹匣的话，有可能会让敌人根据弹匣来计算自己大概所剩的弹药数量。尤其是在军队中，有时会因为意外无法及时补给新弹匣，乱丢弹匣有可能会导致明明还有弹药却没有弹匣可用的窘境。

此外，在战斗中双方使用同型的枪械时，乱丢的弹匣可能会被敌人捡走再利用。

以上几种情况都是战场上可能出现的情况，虽然不会直接对自己或者同伴造成伤害，但是在战斗中排除一切可能出现的不利因素是所有身在战场的人都应该具备的基本常识。

在室内战斗的时候，如果随意丢弃弹匣，可能会因为直接坠落在坚硬的地面上导致弹匣变形，就算是重新捡回来使用也会造成装填不良等枪械故障。弹匣落地时产生的响声可能很大，这就相当于在告诉敌人自己正在更换弹匣，让敌人有机可乘。

通常士兵或者警察所使用的战术背心等装备，都设有专门的弹匣袋，在更换了新弹匣以后，也可以把空弹匣放进去以便重新装填使用。

尽可能地回收弹匣

把用过的弹匣装在口袋等地方

虽然看上去很小气，但是这是有原因的

- 有可能因为意外无法补给新弹匣
- 避免敌人根据弹匣计算己方剩余的弹药数量
- 防止弹匣被敌人回收利用

口袋的容量有限，而且装太多弹匣会造成行动不便

因此，有时候会随身携带一种叫做“Dump Porch”的专门装空弹匣的袋子

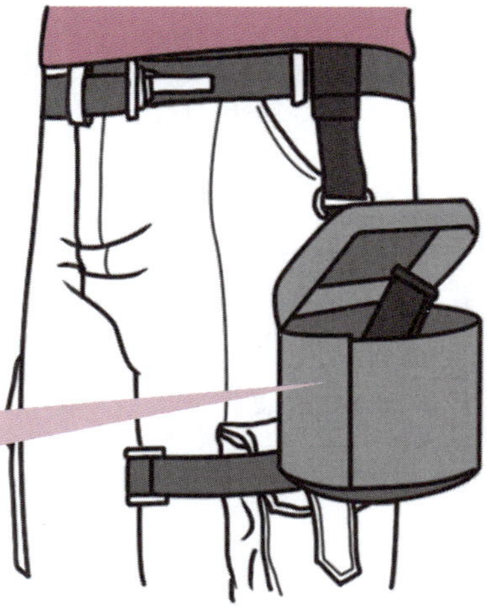

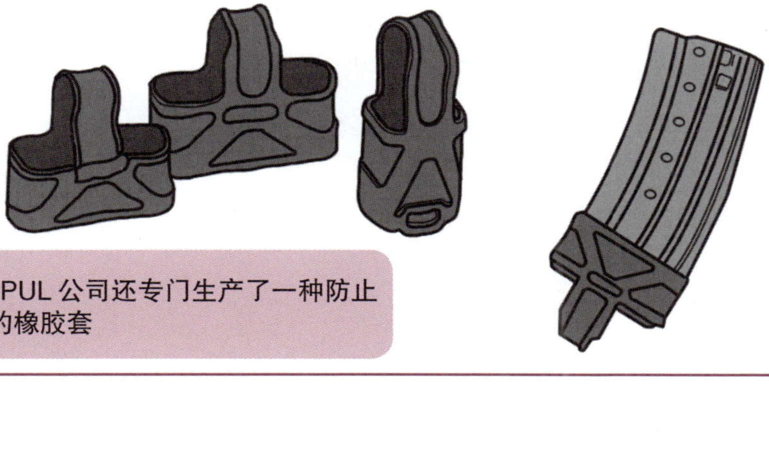

美国 MAGPUL 公司还专门生产了一种防止弹匣掉落的橡胶套

No.041 如何迅速更换自动手枪弹匣

自动手枪有一个重要的特色就是在弹药用完以后，只要更换新的弹匣，马上就能继续进行射击。

更换弹匣的方式

半自动和自动枪械在把弹匣中的弹药打光以后，托弹板会上升触动枪栓固定卡榫，卡榫突出将枪栓顶住，使枪栓固定在后退状态。在自动手枪上的表现就是套筒后退，无法复位。

这时候，就需要更换新弹匣了。退出空弹匣，装入填好弹药的弹匣，解除卡榫后，套筒会自动前进并重新完成子弹上膛，接着就能够继续射击了。

装满弹药的弹匣弹力很强，装进握把中以后要确认一下是否已经固定住。质量不好的弹匣在插入握把时，如果过于用力，可能会因为冲击力导致弹匣最上面的弹药弹出，造成装填不良的故障。

这是最为常见的装填方式，叫做“快速装填（Speed Reload）”。是伴随着自动手枪的问世而产生的装填方法。在枪战中，有一种更为实用的方法，我们称之为“战术装填（Tactical Reload）”。

这种方法是在弹匣内的弹药用完之前，也就是不等到手枪套筒后退，就先行更换弹匣。容量 12 发的弹匣往往会在射击了 10 发左右时就更换弹匣，虽然看起来有点浪费，但是这种方法能够保证枪膛中始终有一发子弹。也就是为了防止在更换弹匣时遇到意外情况而做的“保险措施”。

战术装填时需要注意，枪口的方向以及还剩有弹药的弹匣都要小心收纳。由于枪膛中还有子弹，切记不能把枪口对向自己或者同伴。还剩有一两发子弹的弹匣也要和新弹匣区分放置，防止混淆。

快速装填和战术装填

快速装填 = 击发完所有弹药以后更换弹匣

1. 弹匣中的弹药打光以后卡榫会固定住滑套

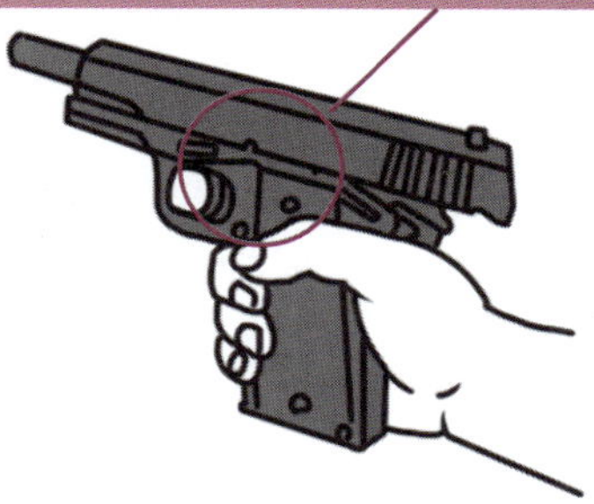

2. 弹出空弹匣

3. 装入新弹匣

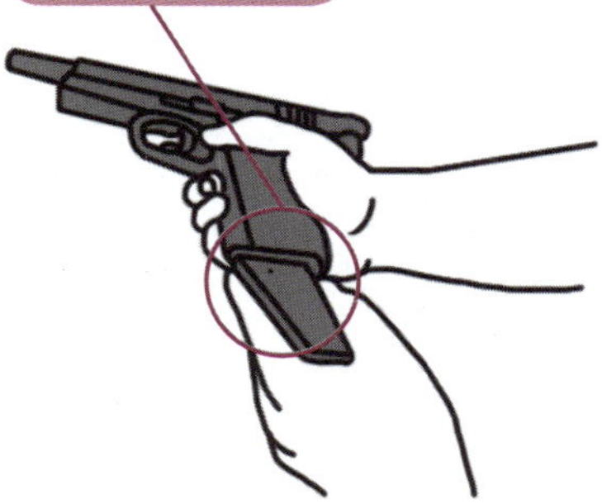

4. 解除卡榫，让子弹重新上膛

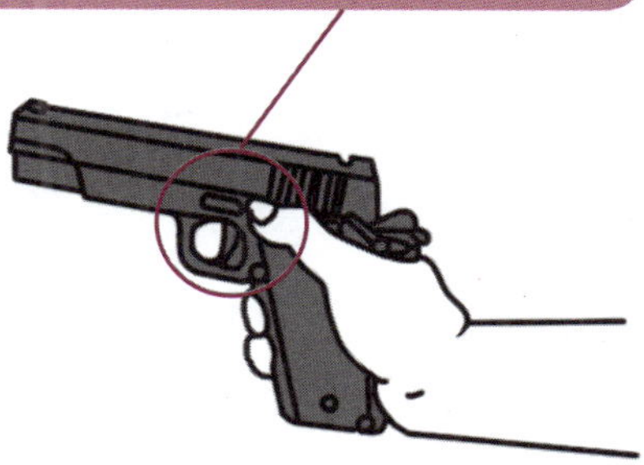

战术装填 = 在弹药打光之前就更换弹匣

1. 准备好备用的新弹匣

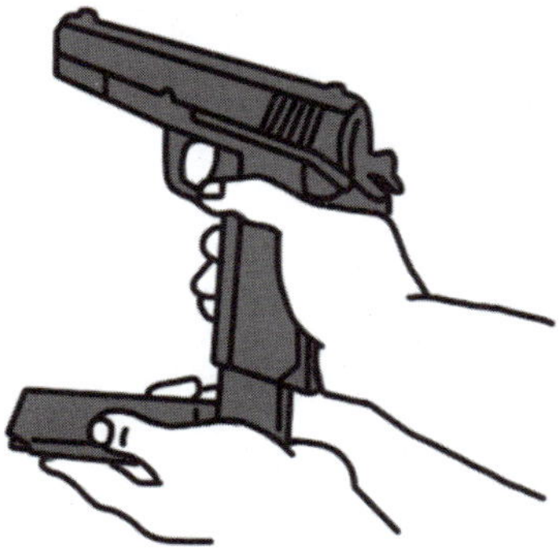

2. 在枪膛中还有弹药的情况下退出弹匣

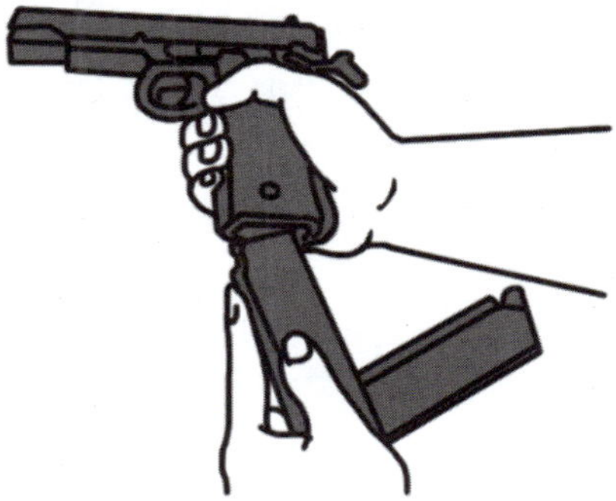

3. 装入新弹匣

4. 把更换下来的弹匣妥善存放

No.042 长期放置的弹匣应注意什么

如果在弹匣中装满子弹以后长期存放的话，会导致供弹弹簧被长期压缩，降低弹性。

供弹弹簧疲劳是卡弹的原因之一

通常在使用自动手枪的时候，会携带装满子弹的备用弹匣。给弹匣中装满子弹，虽然能保证充足的弹药数量，但是如果弹匣长期都处于填满状态，会导致供弹弹簧疲劳，最后导致供弹不良，出现卡弹的故障。

弹簧无论是长期处于压缩状态或者拉伸状态，都会导致弹簧疲劳。装满弹药以后，弹匣的供弹弹簧长期处于压缩状态时，会造成弹簧弹性降低，上推弹药的力量减弱，是造成装弹不良的重要原因之一。尤其是 20 发以上的大容量弹匣最容易发生因为弹簧疲劳而导致的故障。

因此，一般在容量为 20 发子弹的弹匣内，只装入 18~19 发子弹，避免供弹弹簧过度压缩，能够很大程度上缓解弹簧的疲劳问题。

当然，如果不是把装满子弹的弹匣长期放置的话，使用时就算装满弹药，也不会出现任何问题。

近年来，工业水平不断提高，弹簧的弹性、质量与以前相比都有了很大提高，由于弹簧的问题而导致的故障越来越少。令枪械出现问题的原因，往往都是由于使用者在平时使用不当。

因此，即便是枪械的性能、零部件的质量都已经提高了，长期使用枪械的人还是会根据自己以往养成的习惯，尽可能仔细地注意每一个细节，防止任何人为原因导致枪械故障。在弹匣中少装 1~2 发子弹，依然是非常有效的方法。

供弹弹簧

如果供弹弹簧长期处于压缩状态，会导致弹簧疲劳，弹性减弱

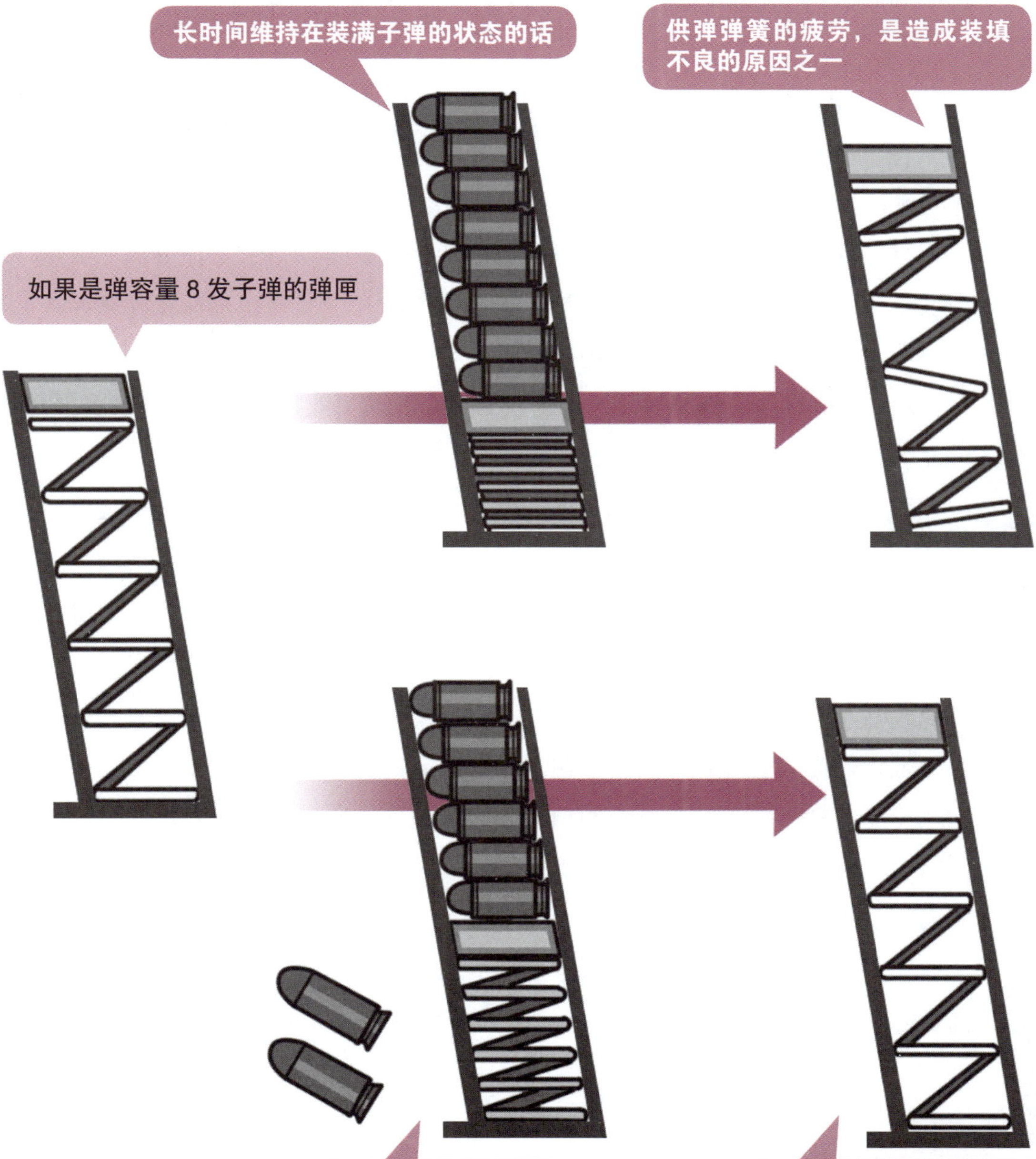

考虑到供弹弹簧弹性的问题，弹匣闲置的时候一般都不会装入子弹

No.043 怎样把子弹装入弹匣

与左轮手枪相比，自动手枪的弹容量要更多，甚至有的自动手枪能够装入20发子弹，但是把子弹装入弹匣却是一件很辛苦的事情。

大容量弹匣需要使用工具才能装填

在自动手枪的弹药打完以后，只要更换新弹匣就能继续射击。足够的备用弹匣能够保证火力的持续，但是前提是要准备好装满子弹的弹匣。

把子弹装入弹匣其实是一件比较耗时耗力的事情。为了保证供弹，弹匣内的供弹弹簧都具有相当大的弹性。起初装入的几发子弹还不存在问题，在装填数量超过一半时，仅仅是把子弹压入弹匣中就需要很大的力气，对于力量不够的女性来说，空手装填是非常困难的。尤其是双排弹匣，弹容量更多，因此弹簧的弹力也更大。

因此出现了“Loader”、“Charger”等利用杠杆原理或者轨道来装填弹药的快速装填器。还有一些军火厂商会专门制造一些能够快速装填的弹匣。

在没有装填器的时候，一般都会选择把弹匣直立放在桌子等物体上支撑，然后用拇指将子弹压入弹匣。这样装填子弹的动作并不困难，但是拇指要耗费很大的力气。

把子弹提前装入弹匣，一般都是在战斗之前所做的发射准备，也意味着枪战可能即将来临，这会对人的精神和肉体造成一些压力。因此，在日常的训练当中，军队或者警方都会要求士兵、警察自行完成这项工作，让他们适应枪支以及即将来临的枪战。

在一些射击训练场，工作人员会提前装好子弹，前来练习的顾客只要开枪射击就行了。

把子弹装入弹匣

弹匣容量较多是自动手枪、突击步枪的特点，但是……

把弹药装入弹匣是一件比较辛苦的事情

自动手枪弹匣装填的方法

从弹匣的斜前方装入

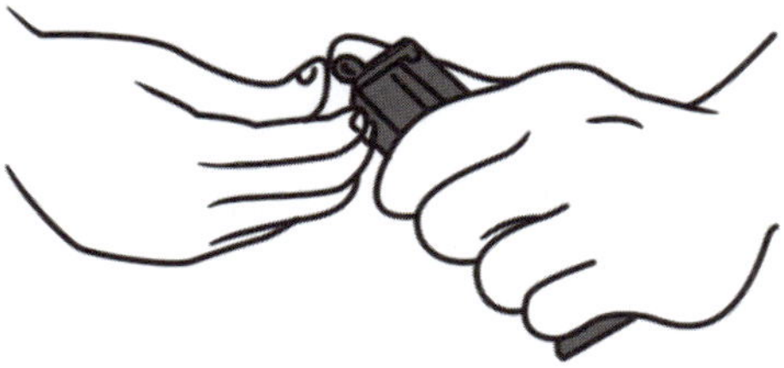

容量在 10 发以上的弹匣，在装填到一半的时候，在弹簧的作用下，需要很大的力气才能继续装填

用快速装填器把子弹从上方压入

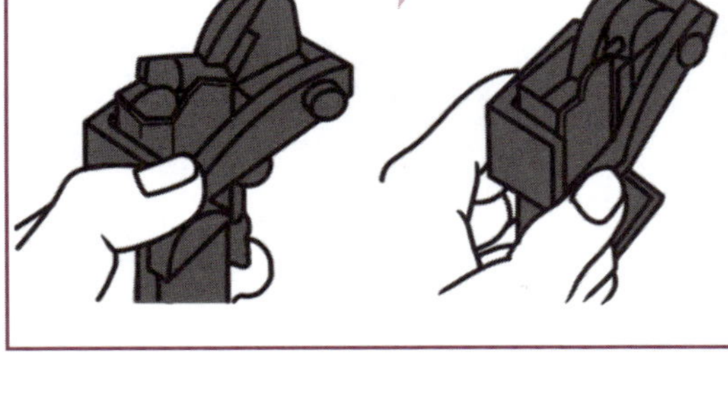

突击步枪弹匣装填的方法

从弹匣的上方逐发压入

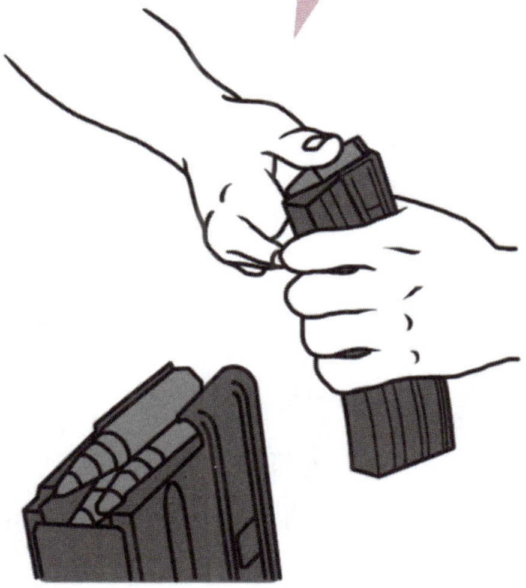

想要加快装填速度的话就要使用装填器

No.044 怎样确认转轮手枪的弹药数量

转轮手枪的英文翻译是 Revolver，这个单词还有另外一个意思，就是旋转装置，也就是指转轮手枪的转轮。

能够直接看到弹药数量

转轮手枪的弹容量比较少，因此在使用时时刻掌握剩余的弹药数量是非常重要的。

在电影和小说中，会有一些根据枪械的重量以及转轮旋转时的偏移情况就能判断剩余弹药数量的高手，但是实际中这几乎是不可能做到的。

要想知道转轮手枪中还有几发子弹，最为实用的方法就是直接通过眼睛观察确认。从枪口方向观察转轮的话，能够直接看到弹巢中子弹弹头。由于发射过的子弹不会有弹头，所以只要根据所剩的弹头数量就能知道还剩多少子弹。

不过用这种方法确认剩余的子弹数量时，必须要从前方观看才行。这就意味着必须要用枪口指向自己，如果出现走火的话，是十分危险的。

既然从前面确认剩余弹药数量这么危险，那么从后面该怎么确认呢？

转轮手枪在装填子弹或者退出击发过的弹壳时，必须要把转轮甩出。这时候可以从弹药尾端的底火部位分辨弹药是否已经击发过。击发过的空弹壳，在底火上会由于击锤或者撞针在击发时撞击底火留下凹痕。因此，只要观察子弹的尾端是否有被击发过的痕迹，就能确认转轮中还剩有击发子弹。

确认转轮手枪的剩余弹药

转轮手枪的子弹可以直接从外表观察确认

射手自己从手枪前方观察不但不方便，而且比较危险

最好是把转轮甩出，确认子弹尾部有没有击发过的痕迹

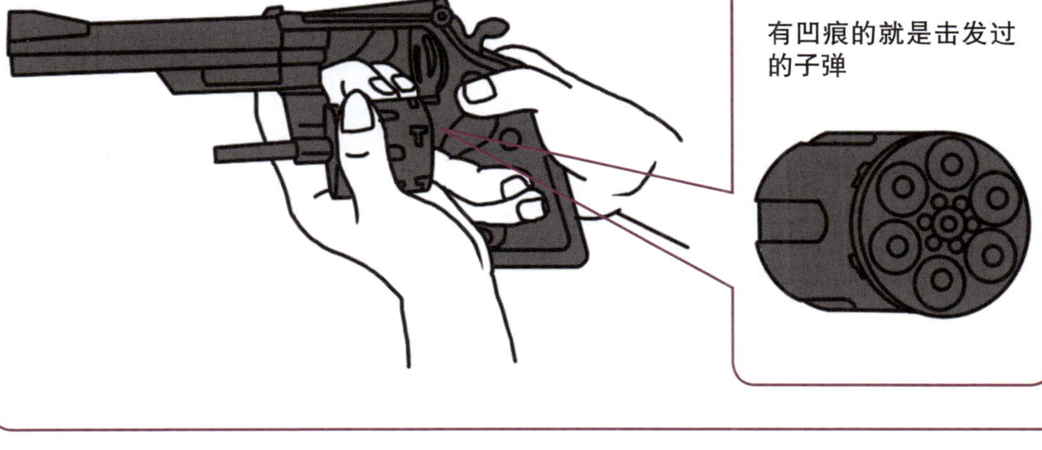

No.045 怎样取出转轮手枪的空弹壳

自动手枪每发射一发子弹都会自动把空弹壳退出并重新上膛，但转轮手枪在射击以后空弹壳仍然会留在弹巢中，必须要手动取出。

排出空弹壳

转轮手枪的弹匣也就是转轮，转轮一般有 5~6 个弹巢，亦有高达 10 个弹巢，子弹逐发安装在弹巢中，射击时随着转轮转动依次射击。

转轮是用螺丝固定在枪身上的，不能像自动手枪的盒型弹匣一样取下更换。在射击完以后需要把转轮甩出——这个动作称为外摆（Swing-out），然后排除弹巢里的空弹壳。

在电影中我们会看到主人公将转轮外摆以后直接倒出空弹壳。实际上，弹壳不太容易因为重力而自然掉落的。因为发射过的弹壳，会因为火药的燃烧而略微膨胀，贴在弹巢内侧。加上子弹发射以后，空弹壳的重量很轻，受重力的影响要小很多。因此必须要手动退出空弹壳才行。

如果一发发地取出空弹壳的话，很耗时间和精力。这时候会使用退壳杆退出弹壳。退壳杆是用来将转轮手枪中的子弹或空弹壳退出弹筒的短杆，在外摆式枪身的转轮枪上，压一次退壳杆会把弹筒内所有弹壳退出；在固定式枪身的转轮枪上，每压一次退壳杆只能退出一粒弹壳，所有弹壳必须逐次退出。

有的转轮手枪无需使用退壳杆，本身就能把空弹壳退出。比如恩菲尔德的中折式转轮手枪，退壳动作会随着中折的过程发生，只要把枪折下，弹壳就会自动退出。还有柯尔特 SAA，枪身上装有与枪管平行的退壳杆，可以一发发将空弹壳退出。

退壳杆的构造

压下转轮手枪的退壳杆来排除空弹壳

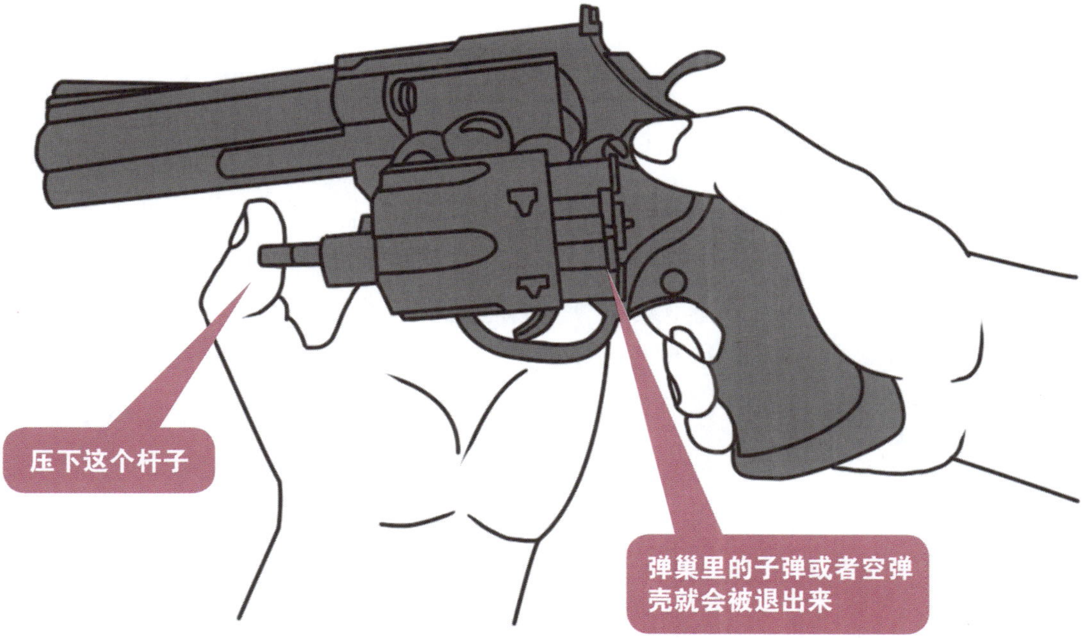

转轮手枪的装填

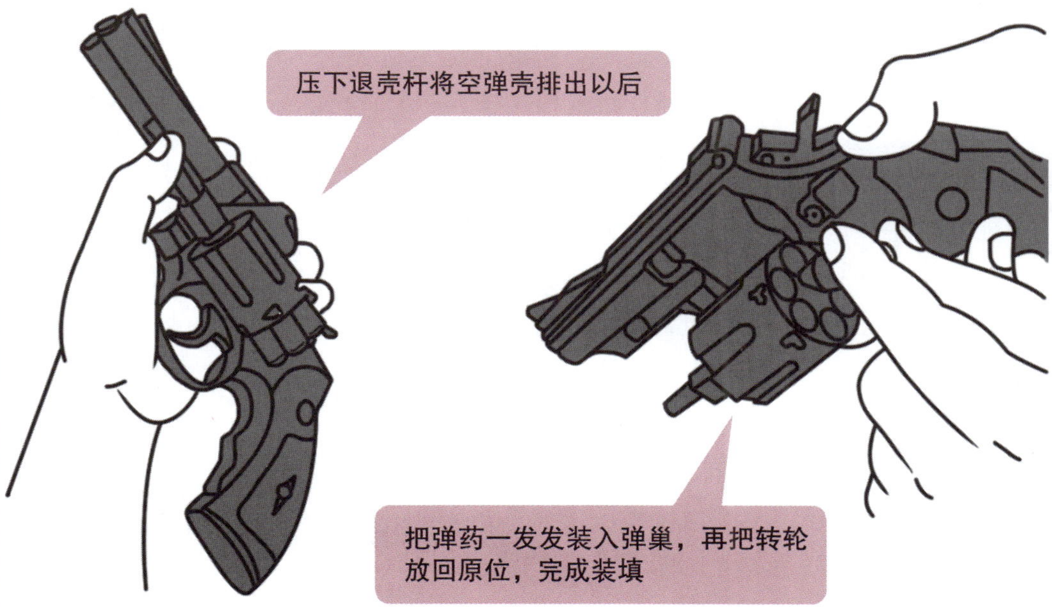

No.046 转轮手枪如何快速装弹

自动手枪在装填的时候只需要换上备用弹匣即可，与之相比，转轮手枪装填弹药比较麻烦。

繁琐的装填方式

转轮手枪最大的优点就是很少会卡弹。就算是遇到无法击发的子弹，只要再次扣下扳机，转轮就会继续转动，使用下一发子弹射击。而自动手枪遇到这种情况时，必须要懂得如何处理卡弹的故障才行。一般的做法是拉动套筒排除故障弹药,然后才能继续射击。在紧急情况下往往会令人陷入混乱当中。

转轮手枪的缺点就在于弹容量比较少，通常都是5~6发，最多10发。而自动手枪通常都是8~12发，最多甚至能装填20发子弹。因此，转轮手枪很容易陷入弹药用完的窘境，而且无法直接更换“弹匣”，需要耗费一些时间才能重新装填。

自动手枪在装填的时候只需要更换提前装满子弹的弹匣即可，而转轮手枪则要把子弹一发一发地装入弹巢中。就算是使用能够一次装填所有弹药的快速装填器，不够娴熟的话也很难迅速地完成重新装填。

转轮手枪的装填技巧在于，不论是使用快速装填器还是手动地一发发装填，通常都是用右手进行装填，左手需要固定好外摆的转轮，防止转轮旋转。

虽然转轮手枪有着装填比较麻烦的缺点，但是能够使用弹药种类要比自动手枪多，加上转轮手枪的性能比较稳定，出现故障的几率要比自动手枪小，所以在许多国家转轮手枪至今仍然很受欢迎。

转轮手枪的装填需要娴熟的技巧

转轮手枪的装填过程要比自动手枪麻烦

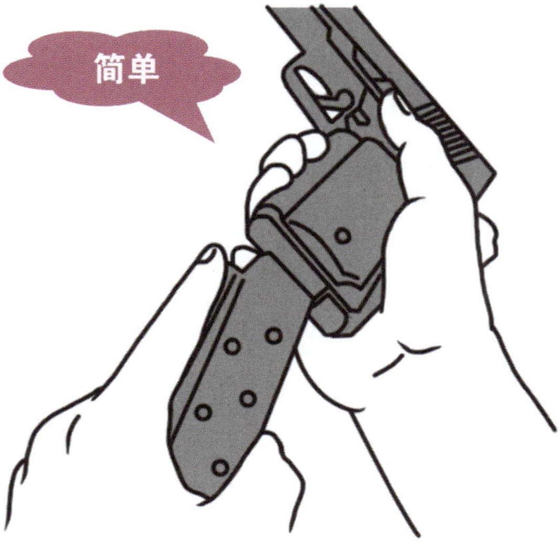

自动手枪只要把新弹匣塞进握把即可

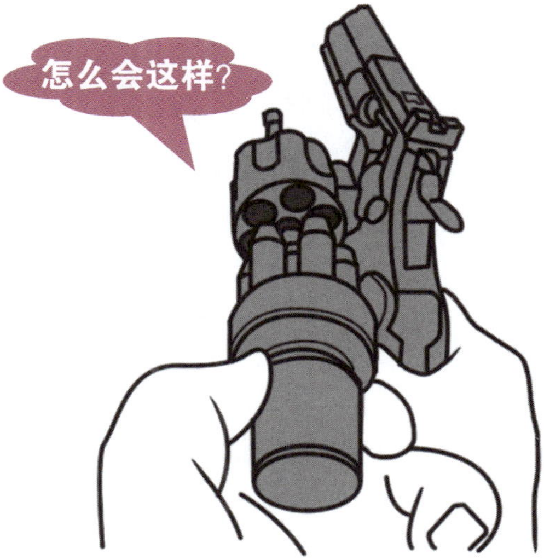

就算是用快速装填器装填，也需要一定的技巧

转轮手枪的装填技巧

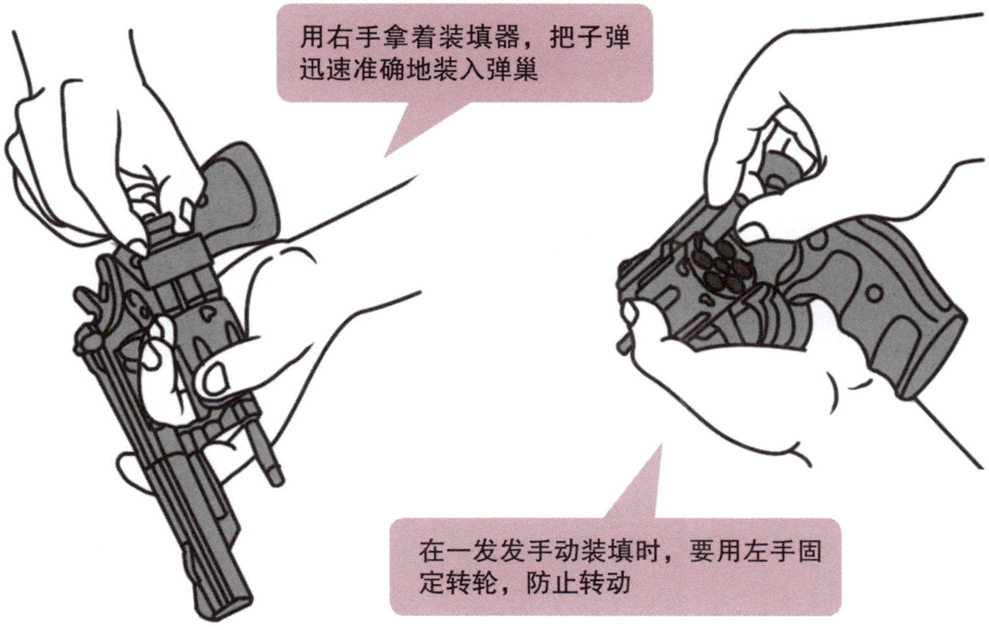

No.047 快速装填器的使用方法

转轮手枪的装填比较麻烦，以前出现过一种更换转轮的转轮手枪，现在大多是用快速装填器进行装填。

转轮手枪的装填工具

转轮手枪的弹药打光以后，需要耗费一定的时间才能重新完成装填。与直接更换弹匣的自动手枪不同，转轮手枪通常需要手动地一发发把子弹装入弹巢。

为了改善这种情况，曾经出现过一种可能更换转轮的转轮手枪。在打完子弹以后，换上提前准备好的新转轮。但是与盒型弹匣相比，转轮的制作工艺以及成本都要高很多，加上转轮的形状以及重量，并不适合大量携带。

基于这种想法，将备用的转轮改良以后产生了“快速装填器”。刚开始的快速装填器一般用树脂制成，可以容纳与转轮数量一致的弹药。在装填的时候只要把弹药前端对准弹巢塞进去，转动装填器的握柄，就能一次把子弹装填完毕。虽然快速装填器的形状、大小和备用转轮并没有多大差距，但是重量要轻很多，携带起来还是要轻松一些的。

在快速装填器出现以后，射手可以像给自动手枪更换弹匣一样完成转轮手枪的装填。像装填器这种半消耗品，制造中会尽量控制成本，因此也就出现了橡胶、塑料等快速装填器。

橡胶、塑料制成的装填器不仅能够节省成本，在形状上也能有更多变化。除了形状和转轮相似的圆形装填器之外，还出现了一种直排的快速装填器，虽然装填起来稍微麻烦一些，但是要比圆形的装填器便于携带。

转轮手枪的装填工具

快速装填器的构造

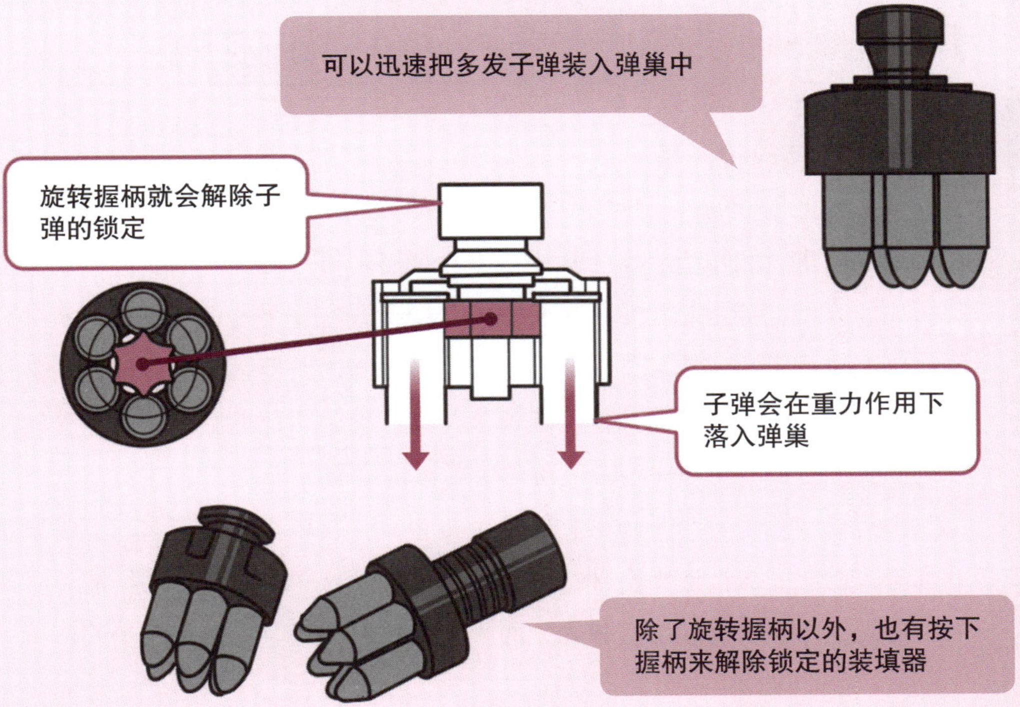

橡胶制成的装填器结构简单，成本很低

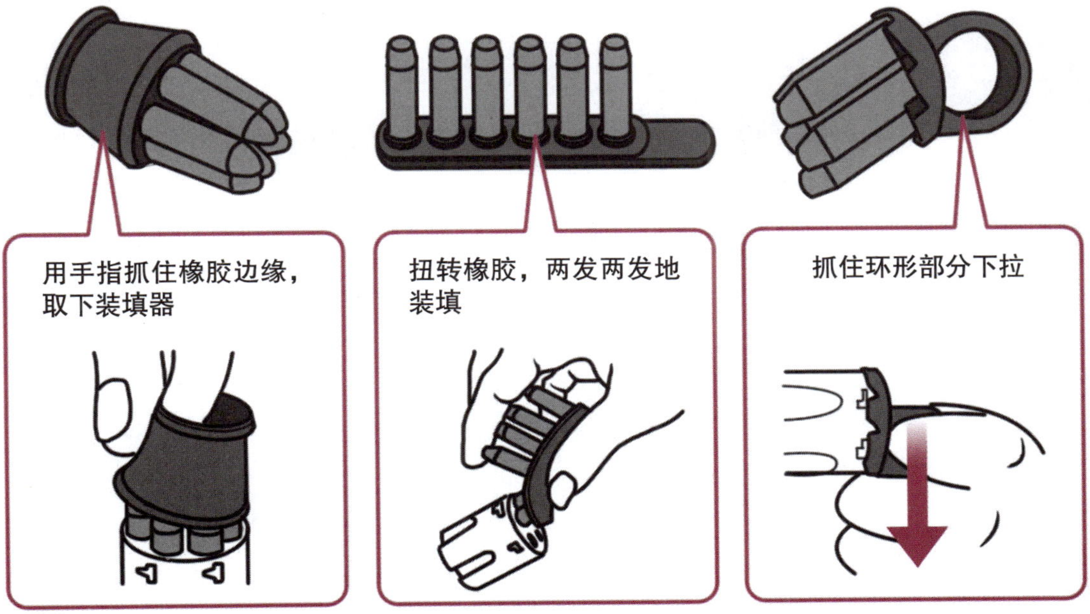

No.048 中折式转轮手枪

中折式转轮手枪是早期转轮枪非常常见的一个种类，这种转轮手枪能够像霰弹枪那样“折断”前身，装填比较方便。

1
2
3
4
5

早期的转轮枪类型

从结构上划分的话，转轮手枪可以分为三类。整体型：转轮手枪的主流，需要外摆来进行装填或者退壳；中折型：能够像霰弹枪那样“折断”前身，装填比较方便。英国恩菲尔德转轮手枪是中折式左轮手枪的典型；固定弹仓型：要先拉后击锤才能装弹，其精度很高且很坚固，但是击锤可能在装弹途中撞击而引起走火，且无法使用快速装弹器。美国西部电影中的大部分转轮手枪都属于这种。比如柯尔特单动式陆军转轮手枪。

中折式转轮手枪与其他两种转轮手枪相比，装填要方便得多。只需要折下枪身，就能一次性退出全部空弹壳。也就是说，一般的转轮手枪需要“外摆→退壳”两个步骤退出空弹壳，而中折式转轮手枪只需要一个步骤就可以完成。

中折式转轮手枪配以快速装填器，转轮手枪被长期诟病的装填问题基本上就得到解决了。不过也正是中折的这个特点，最终导致了这种转轮手枪无法普及。

枪身可以折成两段，也就意味着枪身是由前后两部分构成的，因此在强度上比起其他两种类型的转轮枪要弱一些。比如整体型的转轮手枪可以使用 .38 口径（9.65 毫米）、.45 口径（11.43 毫米）以及马格鲁姆弹，中折式转轮手枪则由于枪身强度不足的原因无法使用大口径弹药。自动手枪出现以后，转轮手枪本身就已经逐渐被替代，强度不足的中折式转轮手枪更是逐渐消失了。

装填方便

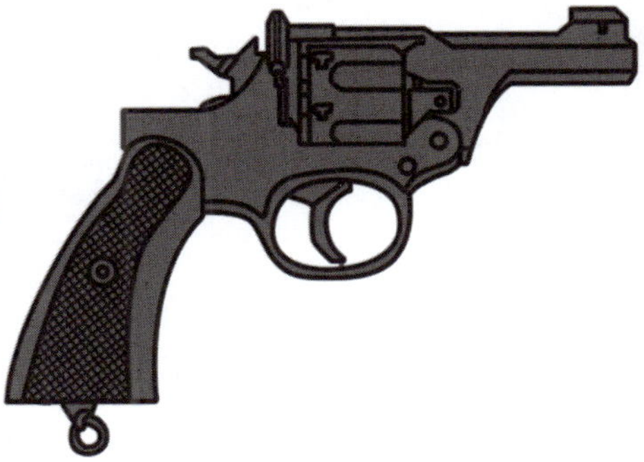

中折式转轮手枪可以轻松退出空弹壳

解开固定杆，折下枪身

空弹壳就会自动退出

之后只要重新装填即可

要是使用快速装填器的话可以更加迅速地完成装填，但是由于强度不足，无法使用大口径弹药，中折式转轮手枪最终被淘汰

1
2
3
4
5

No.049 正常情况下，需要多少备用弹药

所谓正常情况，是指警察在平时的工作中，有可能会随时需要拔枪来对付疑犯，因此要提前准备好有可能需要的弹药。

备用弹药

在枪战中一旦用光了子弹，不仅无法继续作战，还会陷入危险当中。要保证持续作战的能力的话，就必须要提前准备好备用弹药。然而，由于子弹的重量以及携带中存在问题，一个人可以携带的子弹数量是有上限的。

以警察为例，在日常的行动中还需要另外携带手铐、对讲机等其他装备，不可能想带多少子弹就带多少。通常为了应对紧急情况，警察会在身上携带 2 个弹匣。

对于一些非正规的武装组织，比如雇佣军、恐怖分子等，他们所携带的弹药数量就很难掌握了，一般都是由个人喜好决定的。如果是武装冲突比较频繁的地区，就算平时携带 5~6 个弹匣也是非常常见的情况。

携带备用弹药时，不是简单地把子弹零散地放在口袋中。如果是使用自动手枪或者冲锋枪的话，会提前把子弹装进备用弹匣中，而使用转轮手枪时，也会事先把子弹装进快速装填器中。

装满子弹的弹匣或者快速装填器都有一定的重量，因此必须要装在专门用来固定它们的袋子当中。如果随意地把弹匣放在口袋中，会影响到携带者的行动。

专用的弹匣袋一般都是固定在腰带上面，挂在腰间。在放入备用弹匣的时候，一般弹头会朝向前方。放在战术背心的弹匣袋时，则根据自己的惯用手方向放置即可。

携带弹匣的数量

如果弹药耗尽，不仅无法继续作战，还会陷入危险当中。因此携带的弹药越多越好

虽然这样的想法不错，但是人所能携带的弹药是有限的

备用弹匣又大又重

弹药本身也有一定重量

军队使用的突击步枪

装在枪上的 1 个弹匣 +6 个左右的备用弹匣

警察所用的自动手枪

装在枪上的 1 个弹匣 +2~4 个备用弹匣

先把弹药装入备用弹匣或者快速装填器中，之后放在弹匣袋中

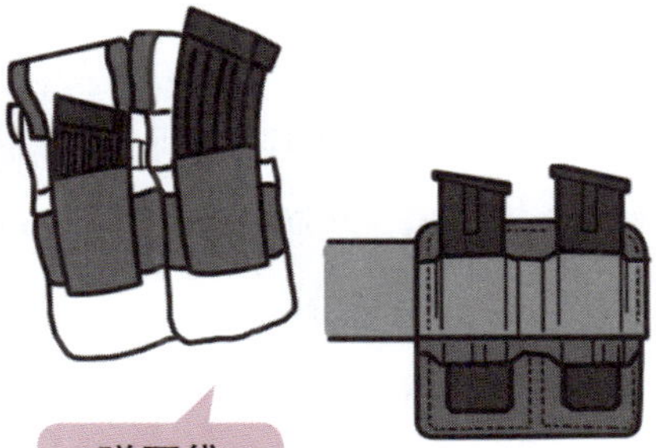

弹匣袋

战术背心

快速装填器专用的袋子或枪套

No.050 子弹的飞行距离有多远

普通的手枪子弹一般可以飞行 1000 米以上，马格鲁姆弹则能持续飞行将近 2000 米。

1
2
3
4
5

有效射程与威力

子弹的飞行距离往往是超出人们想象的。就算是普通的手枪子弹，也能飞行 1000 米以上，而步枪子弹甚至能够飞行 4000 米。飞行到 1000 米左右的手枪子弹，会因为动能耗尽而坠落，此时的子弹由于动能已经减弱到了极限，就算是击中什么东西也不会造成伤害。这种距离被称为“最大射程”，也就是指弹头从发射开始到力尽落地为止的距离。然而由于子弹是用来攻击敌人的，到达最大射程的子弹已经不具备杀伤力，因此并没有任何意义。

所以，在讨论子弹的飞行距离时，更侧重的是其“有效射程”，也就是命中以后还能造成一定杀伤的最大距离。

手枪的有效射程一般为 50 米，5.56 毫米口径突击步枪的有效射程为 200~350 米，7.62 毫米口径的突击步枪、手动栓式步枪的有效射程能达到 500~1500 米。

不过虽然如此，根据使用方式的不同，有效射程也会发生变化。比如 M16 突击步枪的有效射程有 600 米，但是考虑到远距离威力减弱的因素，一般认为其有效射程是 300 米。按照这种计算方法，600 米以内的范围被认为是“危险区域”。

需要注意的是，在对枪械进行改装的话，有效射程也会随之变化。比如同样是 5.56 毫米口径的突击步枪，如果改变了枪支的枪管长度或者发射火药类型，射程也会随之增加或者减少。

手枪子弹可以飞多远

有效射程

弹头保持完全的杀伤力的距离

最大射程

子弹力尽落地为止的飞行距离

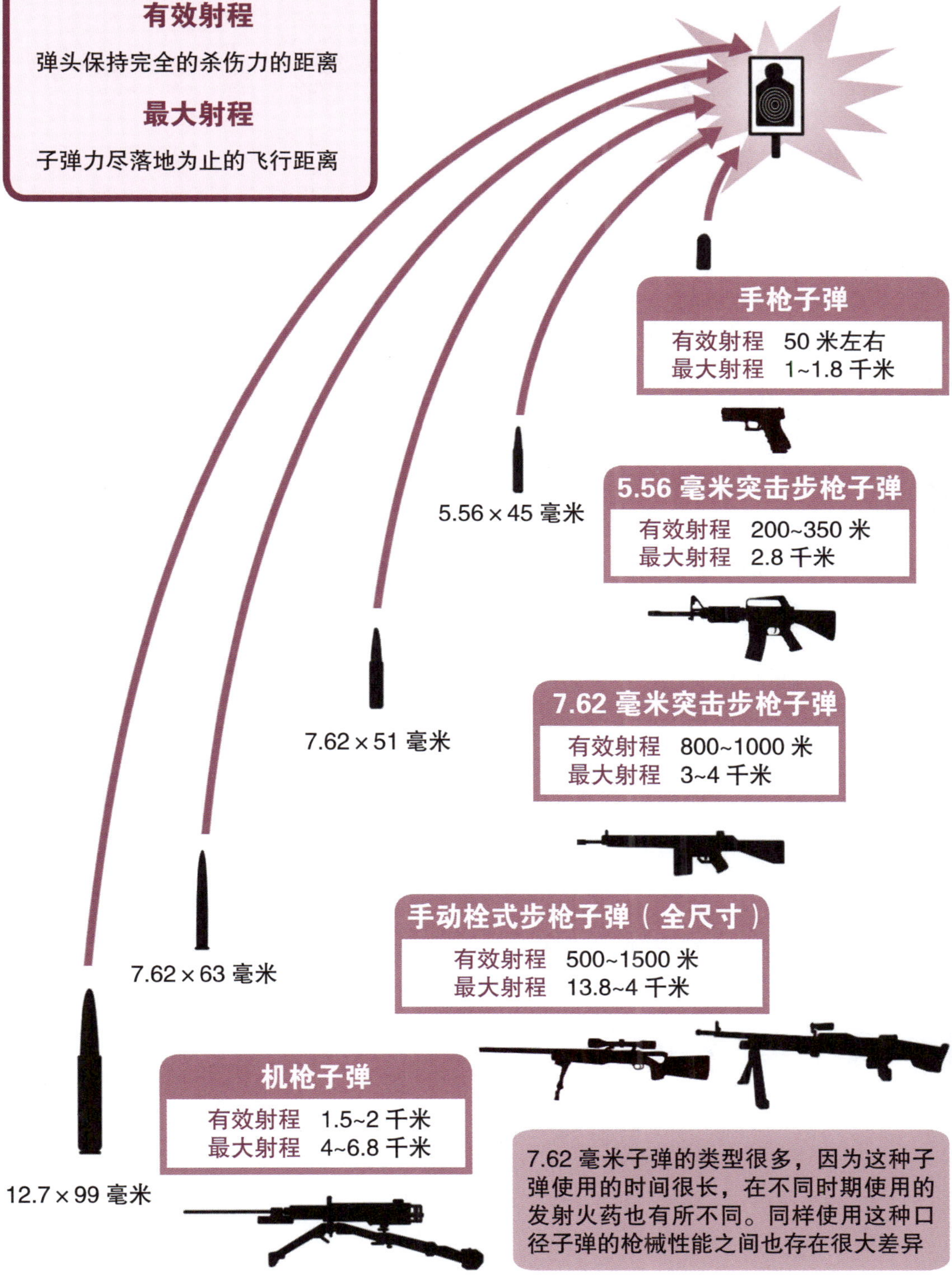

7.62 毫米子弹的类型很多，因为这种子弹使用的时间很长，在不同时期使用的发射火药也有所不同。同样使用这种口径子弹的枪械性能之间也存在很大差异

No.051 瞄准时为什么要闭上一只眼

在使用单筒望远镜观察远方的时候，会闭上一只眼睛来阻隔多余的信息，射击时进行瞄准也是这样的原因。

射击时如何瞄准

用枪械进行狙击的时候，如果仅仅凭感觉进行射击的话，准确度是比较有限的。枪的有效射程一般在几十米～几百米，越远的距离误差越大。因此在进行射击的时候还是要使用瞄准具来进行瞄准。

枪械上最简单的瞄准具就是枪械本身配备的机械瞄准具：所谓机械瞄准具，是相对于光学瞄准具而言的。枪械上的表尺，准星和照门，都是机械瞄准具。机械瞄准就是使用枪械上有的照门，准星，士兵通过一只眼睛来通过器具瞄准，最通俗的说法是三点一线。

在实际战斗中，双方都会尽力寻找有利于自己的位置。在对方不断地转移位置时，很难通过瞄准具瞄准对方，这时候就要看射手自己的感觉了。

在枪战中，需要一边向对方射击，一边对自己四周的情况保持高度警惕，从而做出正确的判断。在这时候，如果闭上一只眼的话，就会出现更多的视线死角，很可能会陷入危险当中。因此，在真正的枪战中，最好是保持高度警惕，并不能把全部注意力投入到瞄准当中。

当然，如果射手习惯了单眼瞄准，在情况允许时，也不能说这种方法是错误的。毕竟认真瞄准以后的准确度是要比仅凭感觉高出一些的。

在射击时，如果已经准确瞄准，子弹却没有命中目标的话，就需要调整瞄准具。机械瞄准具的调整方式主要是上下左右地移动照门。

瞄准的方法

机械瞄准具的瞄准方法

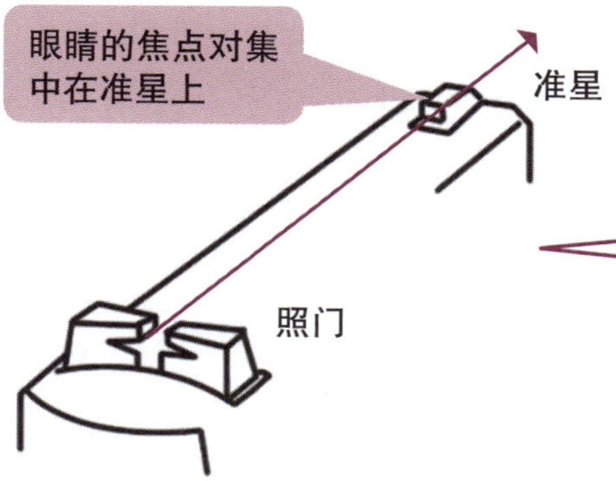

眼睛、照门、准星三点一线

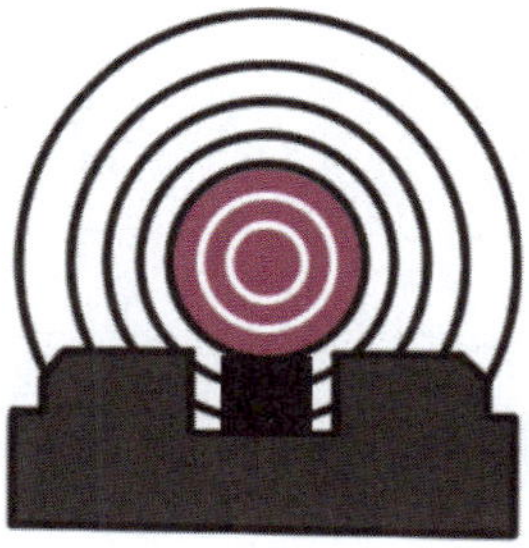

完全吻合的时候就能保证射击的精确度了

如果照门、准星没有对齐的话

准星太高

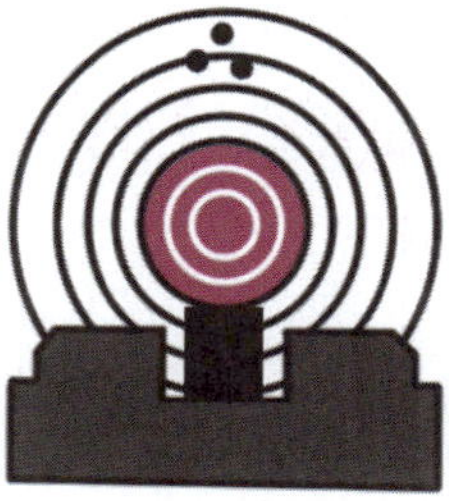

弹着点会偏上

准星偏左

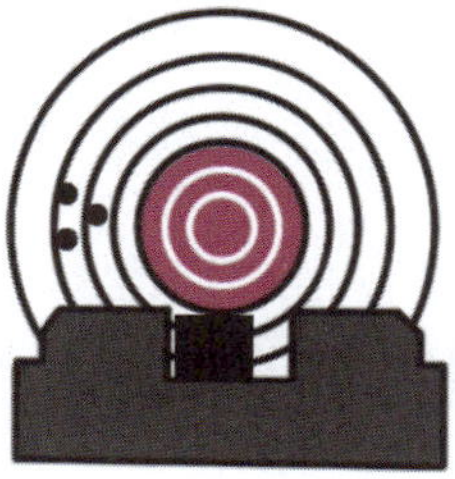

弹着点会偏左

准星偏右

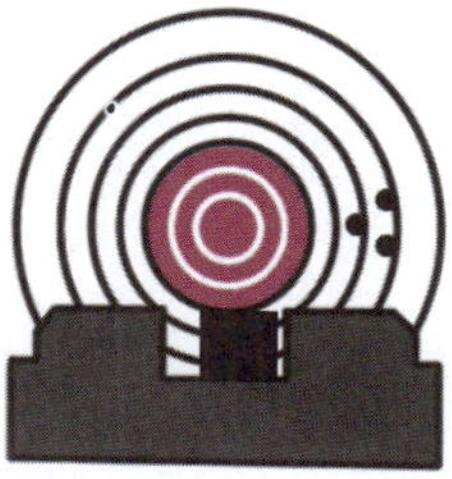

弹着点会偏右

准星太低

弹着点会偏下

No.052 枪战中需要机械瞄准具吗

大部分枪上都配有用来瞄准的机械瞄准具，它的结构简单而且坚固，但是使用的难度比较高。

机械瞄准具与光学瞄准具

机械瞄准具虽然是很简单的装置，但是却是枪械必不可少的。在许多情况下，都要使用机械瞄准具来瞄准目标。经过长期的射击训练以后，有的人可以凭借感觉进行瞄准，不需要瞄准具就能确定弹着点。这种瞄准方法要比通过机械瞄准具瞄准的速度快很多，但是准确率就因人而异了。

光学瞄准具，简称瞄准镜，是利用光学原理制成的瞄准装置，由镜头、镜体和照明装置组成。最主要功能是使用光学透镜成像，将目标影像和瞄准线重叠在同一个聚焦平面上，即使眼睛稍有偏移也不会影响瞄准点。还有一种通过激光瞄准器，可以通过激光光束照射的光点来确定弹着点。

一般情况下，这两种瞄准装置的瞄准速度和精确度都要比机械瞄准具高。尤其是激光瞄准器，只要注意光点的位置，就能快速射击，而且精度不下于大多数瞄准镜。

许多精密的光学瞄准具都需要有一定的电力来保证全部功能的正常使用。因此有时会出现电池没电的情况，或者出现其他故障。稳定性要比机械瞄准具差一些。

在一些昏暗的场所中，机械瞄准具基本派不上用场。而光学瞄准具则能够利用夜视、光点瞄准来狙击目标。尤其是远距离射击时，光学瞄准具的准确度要比机械瞄准具高很多。这也是狙击步枪为什么都会装上光学瞄准具的原因。

机械瞄准具

几乎所有的枪械都装有机械瞄准具，但是……

光学瞄准具

优点	缺点
● 瞄准方式更直观舒适	● 价格昂贵
● 光线不足时也能正常使用	● 稳定性不如机械瞄准具

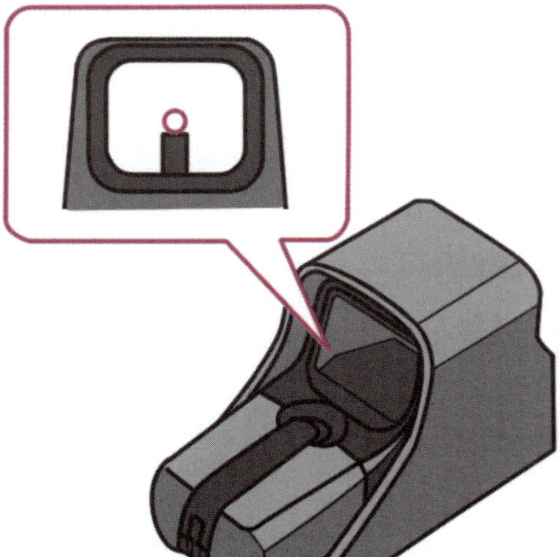

用全息或者 LED 表示瞄准部位

用激光光束对准目标

No.053 枪战中如何利用掩体

在枪战中，利用掩体来隐藏和保护自己是起码的常识。只有在自己安全的时候才能专心瞄准敌人。

如何利用掩体射击

在枪战中能够隐藏身形防止自己被对方击中的物体都可以称为掩体。一般只要能够挡住自己即可，所以楼梯、墙壁拐角、桌子等都可以当作掩体使用。

然而在枪战时一味地躲避并不是值得提倡的方法。一方面，对方可能会趁机逃走，另一方面，在无法观察到对方时很难确定对方下一步的计划。想要击倒对方的话，必须要探出身体进行反击才行。

从掩体后进行射击时，最为基本的要领就是“从左侧探出身体时就用左手射击，从右侧探出则用右手射击”。这样做的目的是防止身体有太多的部分露在外面，否则掩体就失去意义了。

像这样根据实际情况换手持枪的技术叫做“Switching”。手枪、冲锋枪等小型枪械换手比较方便，而步枪之类的大型枪械如果要换手则比较麻烦。因此，使用步枪时只要把枪托从右肩移到左肩即可。

躲在掩体后面的时候，会选择尽量不露出身体，因此很少探出头去进行瞄准，射击时经常都只是伸出手来向敌人的所在方向开枪，很少瞄准。虽然无法保证射击的准确度，但是由于子弹的威力很大，一旦被击中就非死即伤。在这种情况下很少有人还能集中注意力，也就起到了妨碍对方攻击的作用。这种射击方式，可以看作是自己为自己提供掩护。

利用掩体的技巧

枪战时，隐藏自己的身体是最为基本的常识

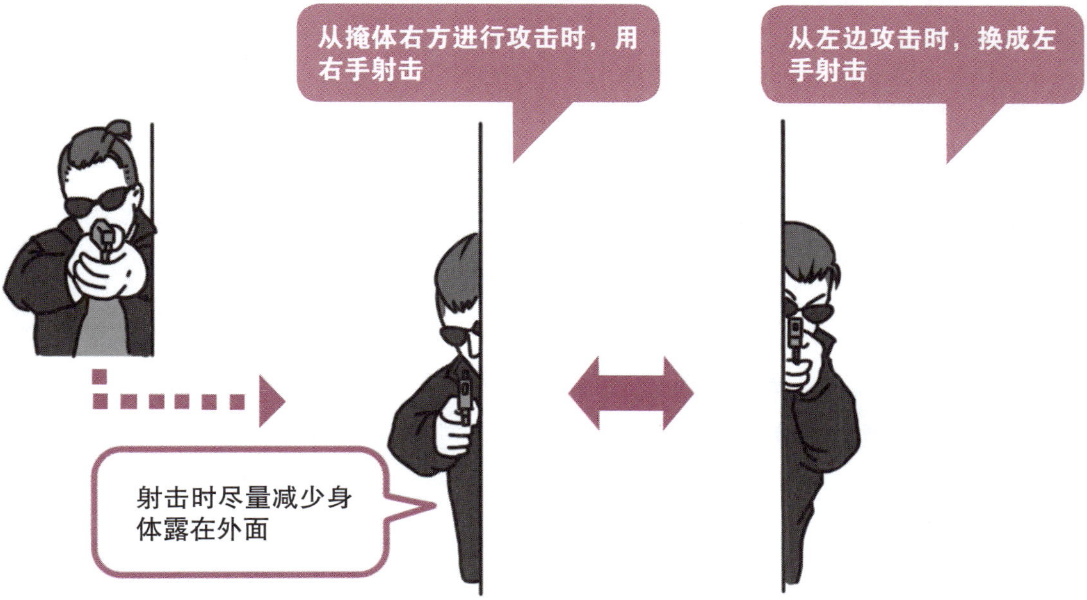

这种更换左右手射击的技巧称为“Switching”

No.054 左手射击应注意什么

在日常的射击训练中，最好学会“左右开弓”的用枪方式。因为在右手受伤或者掩体后面时，不得不用左手进行射击。

枪械是为右手而设计的

枪械，尤其是手枪，都是考虑到用右手持枪的动作设计的。因此，在射击时使用右手要比左手方便一些。但是偶尔也会出现意外，比如万一右手受伤，或者是在掩体的左侧开枪时，就不得不使用左手来持枪射击了。

用左手握持手枪时，会遇到很多不便。比如自动手枪更换弹匣时需要使用弹匣卡榫通常都是设置在握把的左侧，右手持枪时拇指就可以进行操作，而用左手持枪时，弹匣卡榫会被手掌包住，在更换弹匣的时候只能换手才行，而且如果过于用力握住握把的话，还有可能会不小心误按卡榫。

保险装置一般也是设置在枪的左侧。使用右手持枪时能够轻易打开或者关闭保险，而左手持枪就不得不换手了。在分秒必争的枪战中，如果更换弹匣或者解除保险花费的时间太久，可能会危及性命。

除此之外，左手射击时还要注意空弹壳的退壳方向。许多枪械的空弹壳都会往枪械右侧飞去，因此在左手持枪时，要小心空弹壳打在脸上。如果是手枪的话还好，像突击步枪等需要用枪托贴近脸颊的枪，甚至会对人造成一些伤害。

值得一提的是，转轮手枪的转轮在外摆时会摆在枪身左侧，如果用左手持枪的话装填弹药非常不便。

对于以上的种种问题，只能通过长期的训练、习惯来解决。毕竟在某些特定的情况下，不得不使用左手来持枪射击。

左手射击的不便之处

大多数枪都是专门为右手设计的

用来操作枪械的零件大多集中在左侧

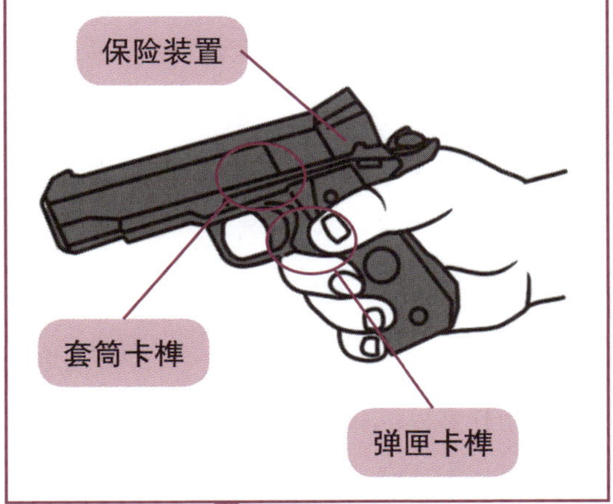

用左手持枪的话就比较麻烦

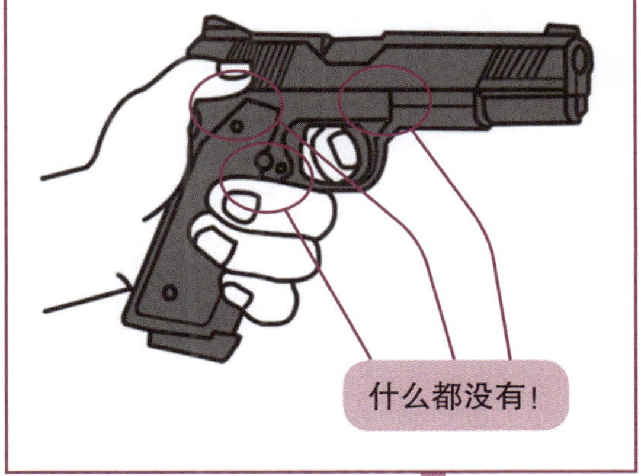

因此，通常是在“无法使用右手或者必须使用左手时”才会用左手射击

为了方便左手持枪的设计在逐渐增加

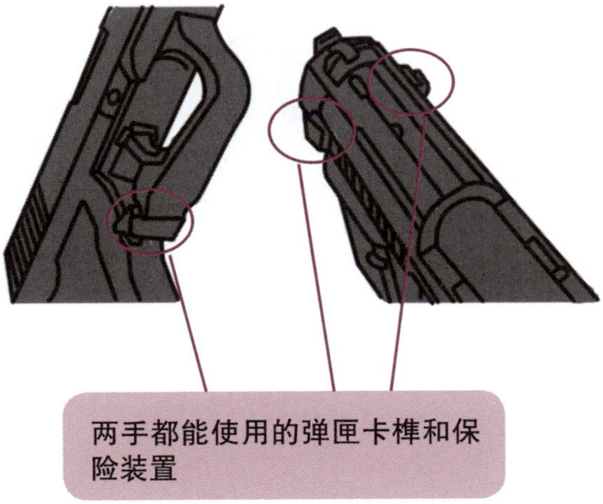

1
2
3
4
5

No.055 全自动射击模式在枪战中更有利吗

只要扣下扳机就能保持连续不断地发射子弹，这种模式叫做全自动射击；半自动射击是指扣一次扳机发射一发子弹的方式。

避免不必要的全自动射击

在同等情况下，半自动射击与全自动射击相比，全自动射击会占有绝对的优势。有可能半自动射击才发射了一发子弹，而使用全自动射击的一方已经发射了十几发甚至几十发子弹了。

全自动射击的火力虽然很强，但是从另一个角度来看，也有它的不利之处，那就是弹药消耗很快。突击步枪或者采用弹匣供弹的机枪，一个弹匣的装弹数量大约在20~30发，最多50发。如果是用全自动模式连续不断地射击，一个弹匣根本坚持不了多久。使用200发、300发的大容量弹匣或者弹链供弹的机枪，虽然能够保持更长的连续射击时间，但是重量很重，搬运和使用都不方便。

在更换弹匣的时候不仅无法攻击敌人，而且注意力必然会从敌人身上分散，因此这时候是非常危险的瞬间。尽量减少更换弹匣的次数，是枪战中的重要要领。

另外，一个人能够携带的弹药或者备用弹匣是比较有限的。使用有限的弹药进行无限制地全自动射击，并不是一种值得提倡的战斗方式。

因此，在使用全自动模式射击时，需要不时地松开手指。在重要的关头，可以采取连续射击来对敌人进行火力压制。其他时候，尽量在发射2~3发子弹以后放开扳机。这种射击技巧称为“点射”，是指使用机枪、冲锋枪、自动步枪等自动武器时进行有控制的射击。现在有的枪械可以通过保险按钮来选择点射或者连射。

全自动射击的特点

半自动射击

每扣一次扳机发射 1 发子弹

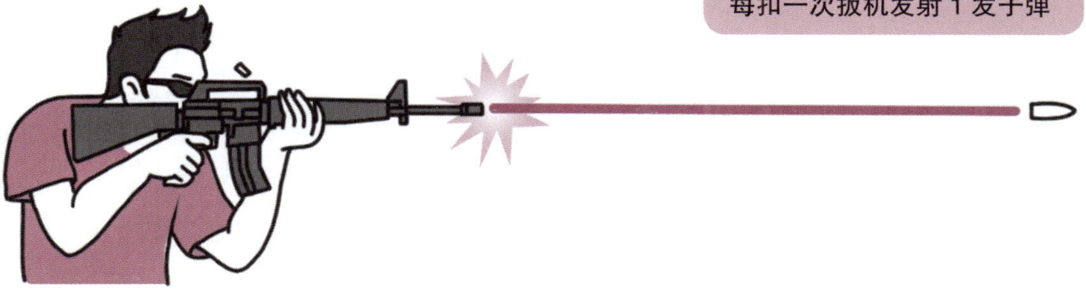

全自动射击

只要一直扣着扳机，就会保持连续射击到弹药用尽为止

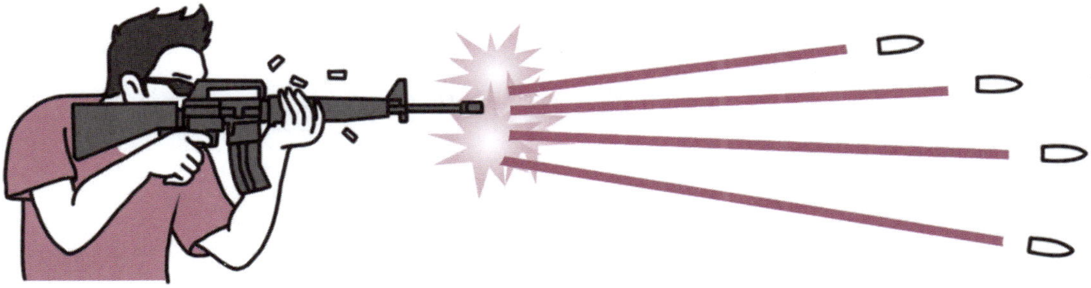

全自动射击的缺点

- 全自动射击会消耗大量弹药
- 更换弹匣的频率更高，破绽也就更多
- 个人所能携带的弹药数量有限

因此，不时地松开手指进行点射是使用全自动枪械的重要技巧

No.056 冲锋枪和手枪对战谁更牛

冲锋枪和手枪都是使用手枪子弹的枪，两者之间最大的区别就在于能否全自动射击和全自动射击时的子弹射速。

冲锋枪和手枪的优劣

采用全自动射击模式的机枪、突击步枪、冲锋枪等枪械能够在短时间内连续发射大量子弹。全自动射击的威力毋庸置疑，但是如果频繁进行全自动射击的话，就需要不断更换弹匣。

冲锋枪在可以全自动射击的枪械中，属于轻巧、小型的种类。也是因为这点，冲锋枪受后座力影响比较大，射击精度不高。冲锋枪在射击时所使用的是手枪子弹,比步枪子弹要小很多,因此同样的重量能携带更多数量的弹药。

给冲锋枪加装枪托，配以数量充足的弹药，在训练有素的射手手中能够发挥出巨大的威力。否则的话，冲锋枪只能用来制造弹幕了。

手枪的最大优点在于携带和隐藏非常方便。从备用弹匣的携带考虑，选择手枪能够很大程度上减轻负担。

另外，手枪的单发命中精度要比冲锋枪高很多。毕竟冲锋枪本身就是制造弹幕、进行火力压制的枪械，就算是进行半自动射击，也不能期待它的射击精度。近年来出现了一些改良了射击精度的冲锋枪，半自动射击的命中率提高了一些。

考虑到枪战的实际情况，冲锋枪能够在短时间内发射大量子弹，因此出现“流弹”、“误中目标”的可能性也很高，而手枪则很难期待这种情况的发生。

冲锋枪还可以使用增加了发射火药的“强装弹”，以提高子弹的射程和威力。手枪则不行，因为手枪枪身无法承受这种子弹的威力，会炸裂枪膛或者打飞套筒。

冲锋枪 VS. 手枪

与多数敌人进行战斗，或者战况比较激烈时，冲锋枪比较有利；从携带方便，易于隐藏的角度来看，手枪比较有利

冲锋枪的特点

优点

- 通过火力压制来进行攻击威力大

缺点

- 需要携带大量子弹，否则无法发挥优势

使用弹药	手枪子弹
大小	中型
装填数	多
精准度	中～低
全自动射击	可
防弹背心	无法贯穿

手枪的特点

优点

- 携带方便，易于隐藏，单发命中率比较高。

缺点

- 不能期待“误中目标”的情况

使用弹药	手枪子弹
大小	小型
装填数	少
精准度	中
全自动射击	无
防弹背心	无法贯穿

※ 以上比较是从基本枪型为例的。大小与手枪无二的冲锋枪、能够全自动射击的手枪都是存在的，而且还有一些手枪能够贯穿普通的防弹背心，比如托卡列夫手枪

No.057 手枪与步枪对战

手枪与步枪在威力方面基本不具备可比性，在某些特定的环境中，手枪才可能占据优势。

不同等级

手枪从性能方面与步枪相比的话，算是完败。步枪无论是射程还是威力，都要比手枪高出一个等级。

造成如此大的差距的原因主要有两点。

首先，这两种枪械所使用的子弹是完全不同的。步枪弹壳的容量是手枪的2倍以上，所容纳的发射火药也就等于手枪子弹的2倍以上，发射时的加速时间比手枪子弹更短，子弹的初速更高。这种情况非常近似于不同排量的汽车之间的对比，无论是速度还是动力都有很大差别。其次，步枪的枪管更长，还能选择威力更大的强装弹。步枪子弹原本就要比手枪子弹威力大很多，使用了强装弹以后几乎没有可比性而言。

在枪战中，如果是远距离作战的话，手枪无论是射程、威力都处于下风，无法和步枪相抗衡。而在近距离作战的时候，步枪可以轻易贯穿大部分掩体，使用手枪的一方依然不占优势。

使用手枪唯一的优点就在于“外型小巧”，能够隐藏在身上是手枪的胜算。也就是说，手枪想要从正面战斗取得胜利是不怎么可能的，除非充分利用环境因素，有计划地将战斗场所转移到丛林、室内等狭小的空间中，造成步枪调转枪头出现障碍的情况，而手枪则能充分发挥出小巧的优点。否则的话，是不可能在与步枪的对战中获胜的。

手枪 VS. 步枪

从射击距离、威力、精准度来看，步枪占有压倒性的优势

但是

仅仅从这些方面对比的话没有任何意义，它们根本是不同用途的枪械

步枪的特点

优点

- 能够进行远程攻击

缺点

- 在丛林或者室内，枪身过长会妨碍行动

使用弹药	机枪子弹
大小	大型
装填数	5~30 发
精准度	高 ~ 极高
防弹背心	轻松贯穿

手枪的特点

优点

- 容易携带，使用方便

缺点

- 远距离时无法打到敌人

使用弹药	手枪子弹
大小	小型
装填数	6~18 发
精准度	中
防弹背心	无法贯穿

手枪与步枪两者能够充分互补，以步枪作为主要武器，手枪作为辅助武器，在战斗中就能游刃有余

No.058 突击步枪和普通步枪有何异同

步枪是士兵的主要武器，在突击步枪发明以前，普通的步枪已经走过了几个世纪的历程。

都是步枪

要将突击步枪与普通步枪进行比较，首先要从定义上进行区分。突击步枪是步枪的一种，使用小口径高速弹药，能够进行全自动射击；普通的步枪，也就是手动步枪与半自动步枪，则是使用大口径、远射程的弹药。

两者所使用的弹药不同。突击步枪使用的是较为短小的“中间型威力枪弹”，而手动步枪与半自动步枪使用的是“全尺寸”步枪子弹。突击步枪的弹药较小，威力与射程也就比普通步枪要弱一些，但是相对而言，同等重量下能够携带更多数量的弹药。全尺寸步枪子弹外形较大，重量重，无法携带太多的弹药，能够装填的数量也比突击步枪少。

在射程方面，突击步枪的射程要略近一些，因此主要是用在中、近距离的战斗中，通过全自动射击来压制对方（这种攻击方式本身就要求有大量的弹药供应），并迅速接近敌人。普通步枪在正面与突击步枪作战时，最好的方式就是“从对方射程外进行狙击”。具体的做法是引诱对方进行无限制全自动射击，趁着对方更换弹匣的间隙进行狙击。虽说对方可能会躲在掩体之后，但是全尺寸步枪子弹能够轻易贯穿墙壁、门窗之类的物体。

突击步枪是能够根据不同情况选择半自动射击或者全自动射击的枪械，而手动步枪和半自动步枪则是射程远和威力大的远距离杀手，它们都是一流的武器，各有长短，难分高下。

突击步枪 VS. 普通步枪

由普通步枪演化而来的全自动战斗步枪，称为突击步枪

普通步枪的特点

使用弹药	全尺寸步枪子弹
大小	大型
装填数	5~10 发
精准度	极高 ~ 高
全自动射击	无

优点

- 射程远、威力大、精准度高

缺点

- 弹药尺寸大、弹容量小

↓

适合狙击

突击步枪的特点

使用弹药	中间型威力步枪子弹
大小	大型
装填数	20~30 发
精准度	高
全自动射击	有

优点

- 能够全自动射击，弹匣更换简单

缺点

- 射程和威力比普通步枪弱

↓

适合军队中远距离战斗使用

普通的步枪在狙击方面更具优势，但是用途多样的突击步枪也并不一定会逊色

No.059 持枪的时候怎样向对方表明自己并无敌意

在与人持枪对峙的时候，往往会双手向上表示并无敌意，那么这时候该怎样拿枪呢？

类似投降

想要向对方表示自己并无敌意的话，直接把枪丢在地上是最简单的方式，但是一般很少有人这样做。如果地面过于坚硬，直接把枪丢在地上可能会造成枪械某些部位出现误差，令枪身受损，甚至还有可能在丢在地上的瞬间发生走火的情况。

因此，想要表现出自己并无敌意时，通常会慢慢地把枪放在脚边，或者把枪变成无法立即射击的状态。

用自动手枪或者突击步枪等使用弹匣的枪械时，想要明确表示出没有敌意的最好做法就是“取出弹匣”。当然，如果枪械已经上膛，枪膛内还有 1 发子弹能够进行射击。在一些影视作品中就出现过趁对手大意时，利用枪膛中的最后一发子弹逆转对方的剧情。

为了向对方表示自己并不打算继续开枪射击，此时需要拉开滑套，退出枪膛中的子弹。如果使用的是步枪，则要解开枪栓，表示枪膛中并没有子弹。

使用的是转轮手枪等没有弹匣的枪械时，会把具有弹匣功能的转轮甩出。虽然不像自动手枪那样可以整个把弹匣拿出，但是在转轮外摆的情况下是无法进行射击的。如果担心对方还有所顾虑，在甩出转轮以后，还要把子弹从弹巢中退出，表示出自己并没有继续开枪的意思。

表示自己并无敌意的持枪方式

自动手枪

转轮手枪

突击步枪的特点

不管哪种类型的枪，为了证明自己“不会攻击”，所以手不能放在握把上

专题：影视作品中的赤膊枪战在实战中有意义吗

在影视作品或者小说漫画中，赤膊上阵参加枪战的场面并不少见。比如西尔维斯特·史泰龙在电影《第一滴血》中扮演的特种兵兰博以及阿诺德·施瓦辛格在《终结者》中的未来战士形象，无不是露出强有力的上半身。这种装扮会给人带来一种力量感，让观众觉得这样的铁血硬汉是战场上必不可少元素。

虽然这样对于塑造角色很有利，但是也包含着不合实际的因素在里面。在实际的枪战中，子弹飞出的能量是在枪管中燃烧发射火药产生的，因此发射气体和残留的火药渣会连同子弹一起喷出。这些东西一旦接触到皮肤，就会因为灼热而留下疤痕。

这些火药残渣和发射气体不仅会从枪口喷出，还会从全自动射击枪械的退壳口或者是转轮手枪的枪管与转轮之间的缝隙喷出，一旦过于靠近皮肤，很可能会烫伤。

除了这些喷射物，火药燃烧以后会产生高热。尤其是连续射击以后，枪管和机匣会发烫,如果裸露的手臂或者其他部位碰触到枪的话必然会被烫伤。

另外，跳弹以及碎裂的子弹碰到皮肤也会造成烫伤，因为它们可能刚刚与坚硬的物体摩擦，虽然产生的威胁不足以致命，但是能够避免的伤害还是越少越好。

第四章
枪战的进阶技巧

No.060 如何应对突发的枪战

大多数枪战都属于突发状况，因此，最好在平时就已经从心理和行动两方面做好准备。

随时随地都可能发生

虽然大多数枪战都属于突发状况，然而无论在何时何地发生枪战，手上如果没有枪的话，就只能逃走或者一味躲藏。要避免这种情况发生的话，就要随时把枪带在身上。

警察在日常所携带的一般都是手枪，因为手枪外形小巧，可以轻易藏在衣服内或者随身的包中。

如果使用的是自动手枪，在子弹上膛以后要切记锁上保险装置，以防意外走火。转轮手枪不需要上膛或者锁上保险，拿出枪扣动扳机就能射击。

携带手枪的时候最好使用能够固定手枪的枪套，这也就要求在平时必须练习快速拔枪的技术。如果是坐在车上或者是身体动作受到其他限制的时候，最好事先解开枪套的扣子，以便在需要的时候能够直接拔枪射击。

在枪战中保证自己“不被子弹打中”是赢得枪战的前提。无论在何时何地发生枪战，都要迅速反应，找到合适的掩体藏身，然后寻找可以转移的地方，在不同的掩体之间保持移动，是枪战中非常重要的技巧。

选择使用的枪械、习惯携带方式、遇到意外时能快速反应……都是应对枪战的必要准备。除此以外，还有非常重要的一点——在平时做好枪械的保养和维护。否则在紧急关头，拔枪射击时发现枪械出现了故障，那么一切准备都变成了徒劳。

应对枪战的准备

警察等需要使用枪械的职业，如果是为了应对日常突发的枪战，通常都是使用方便携带的手枪

提前需要做好准备

装在容易拔出的枪套中

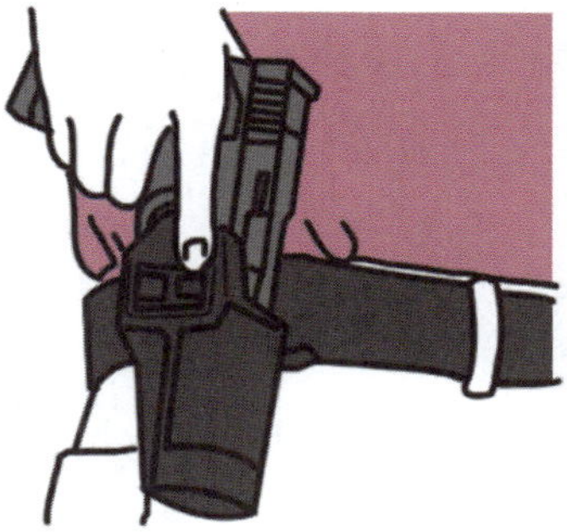

枪膛中有弹药

应保证手枪处于……

注意可以藏身的地方

必要时把枪套的扣子打开

当然，平时还要做好枪械的保养与维护，避免枪械故障

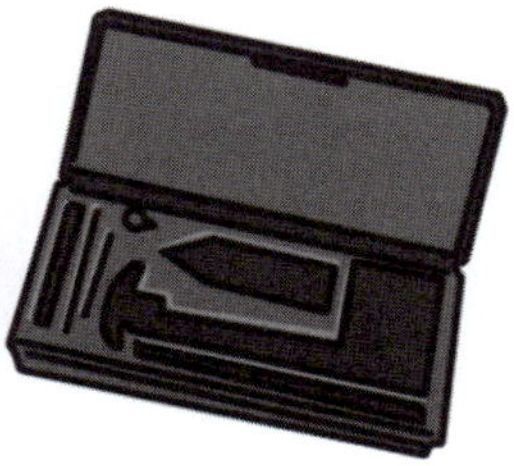

No.061 掩护射击

在与同伴一起行动的时候，双方之间的相互配合掩护能够很大程度降低被击中的危险。

不能一味射击

掩护射击是枪战中非常实用的一种战术。仅仅是一味向敌人射击所取得的效果比较有限，除非有着在敌人击中自己或者同伴之前就将其射杀的绝对把握。因此，战斗中与同伴互相掩护、配合是必不可少的。

掩护射击不仅是为了直接杀伤敌人，在必要的时候阻碍敌人的行动也非常重要。比如敌人想要攻击自己的同伴，就要扰乱敌人令他无法攻击；如果敌人想要移动到有利的地点，就要把他钉在原地。这种时候不一定要直接命中对方，只要达到自己想要的作战效果就行了。

在敌人躲在掩体后面的时候，可以计算墙壁或者天花板的角度，利用跳弹来攻击敌人。虽说这种方法很难击中敌人，但是在对方周围有弹头四处乱飞时，就很难冷静地瞄准己方人员，更换弹匣的速度和行动也会受到影响。

如果敌方在人数上占优的话，自己和同伴常常处于对方的火力压制之下。这时候要尽量保证身体隐藏在掩体后面，只要把枪伸出来向敌人所在的方向射击就行。在自己射击的时候，同伴可以适时向目标所在移动攻击。

在与同伴进行掩护射击的时候，可以采用轮流射击的方式保证火力的持续。所谓火力的持续，并不意味着连续不断地开枪，而是要有计划地预计对方射击的频率，干扰对方射击，就能起到掩护的效果。

掩护射击 = 牵制射击

所谓掩护射击：是通过连续有计划地射击干扰敌人的行动

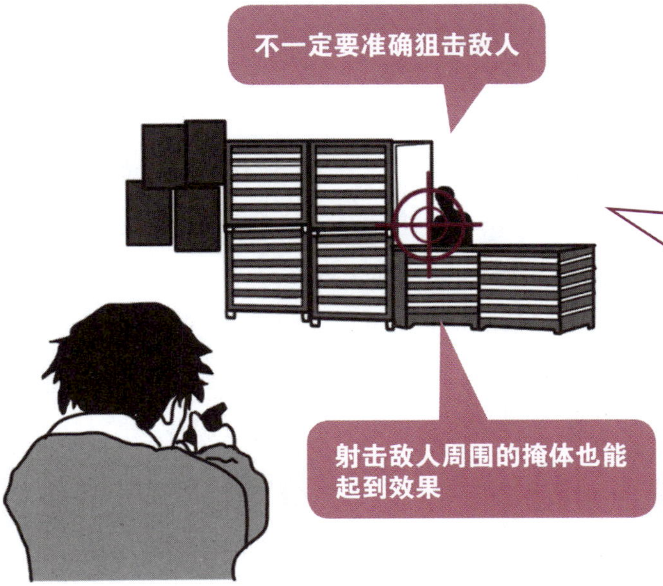

时缓时急的射击，令敌人无法看出射击节奏也很重要

No.062 怎样才能避免被子弹击中

人的移动速度不可能快过子弹，因此在枪战中要想办法降低自己被子弹击中的概率。

趴下或者不断移动

在同等距离中，面积小的目标要比面积大的目标更难击中。这就意味着，在枪战中，要尽量避免将自己正面暴露给敌人，减少暴露给敌人的面积。

比如在蹲下或者卧倒的时候，暴露的面积要比正面站立小得多，因此被击中概率也要小得多。在敌人射击的时候，应该条件反射地蹲下或者趴下。

另外，在对方瞄准的时候，一旦对方射击出现了丝毫犹豫，就要立刻通过一些行动来扰乱敌人。

如果双方之间有一定的距离，那么不停地奔跑转移是非常奏效的一种方法。奔跑也需要一定的要领，如果对方是右手持枪的话，则应该朝着对方的右方奔跑，反之亦然。这样一来，对方的手臂和腋下距离会随着瞄准方向的变化拉开，射击时的稳定性会有所下降，命中率也会因此而降低。

在奔跑的同时，要保证适时地反击。这种情况下不需要瞄准，只要边跑边开枪就行了。虽然很难命中目标，但是只要子弹朝着对方飞去，就能起到干扰对方射击的效果。这种做法相当于自己为自己提供掩护射击。

在被人瞄准狙击的情况下，反应的迅速与否就能决定生死。无论是打算卧倒在地还是奔跑反击，都要当机立断，不能有任何犹豫。

不被子弹击中的方法

人无法跑得比子弹快

让敌人的命中率降低，就不易被子弹击中

进行攻击的时候

趴在地面上，就算敌人反击，也不容易被击中

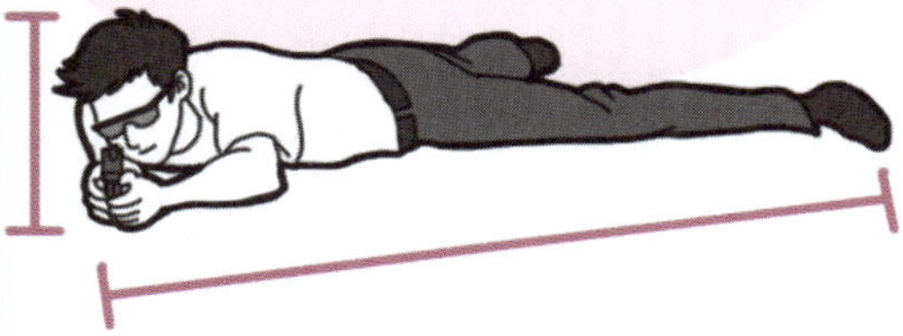

再来

趴着正面面对敌人，被击中的概率更低

被攻击的时候

如果敌人拿的是手枪，只要降低对方射击的稳定性，命中率也会随之降低

不论选择哪种方式，都要在瞬间完成，不能有丝毫犹豫

No.063 怎样在 1VS.1 的枪战中取胜

任何射手都有可能在自己愿意或者不愿意的情况下与人对战，而对战的对象往往并不确定。

拔枪速度很重要

发生枪战的情况具有很强的不确定性，枪战的对象也是如此，无法知道对方是老练的射手还是刚刚入门的菜鸟。唯一确定的是，敌人所在的地方就是自己射击的目标。因此，朝着敌人迅速而准确地射击是分出胜负的关键。

想要迅速准确地命中目标，除了精湛的射击技术以外还要具备超乎常人的注意力。如果对方的技术与自己差不多，在枪战中获胜的关键就是保证自己注意力的集中，并扰乱对方的注意力。

人类在遇到意想不到的情况时，注意力很难集中。如果对方突然倒下，一边躺在地面上滚动一边朝着自己射击的话，可能会因此而一时无法锁定目标。对方通过一些方法扰乱自己的视线或者不断说话干扰自己时，大多数人都很难继续保持平静，注意力自然会随之分散。

在遇到这种情况时，不仅不能陷入对方的陷阱，还要适时地“以牙还牙”，通过一些小手段来干扰对方，否则必然会因为注意力无法集中而被对方击中。

1VS.1 的枪战早已经不像美国西部电影中那样，同时背向走出十步，然后转身开枪。大多数情况下双方都是躲在掩体后面互相射击的。这种时候，如果能够在对方发现自己藏身之处以前就找到对方的位置所在，出其不意地开枪射击是非常行之有效的方法。

1VS.1 的枪战

瞬间分出胜负

例：西部电影中的决斗

长时间作战

例：近年的警匪枪战片

↓

不管那种情况

敌人所在的位置都是明确的

↓

尽可能集中注意力，迅速而准确地射击

提前需要做好准备

状况 1

其中一方使用诡计

- 以不合理的举动令对方感到困惑
- 在要害处穿戴防弹装备
- 改装自己的枪或子弹

状况 2

预料之外的事情

- 沙尘进眼睛
- 宿疾发作
- 对方用言语干扰自己的注意力

许多对战都是因为这些原因决出了胜负

No.064 面对多个敌人的时候如何作战

在一些影片中，主角常常持枪进入敌方的基地，最终以一敌多，大杀四方而回。

一对多或者以少对多的基本战术

一对多的枪战，是影视作品非常钟爱的桥段，这类桥段往往是剧情的高潮。从这类剧情中不难看出，在与多数人作战时，常规的战斗方式是无法获胜的。

在一对多或者以少对多的战斗中，首先要注意的情况就是避免敌人发现自己的位置所在。否则有可能会被敌人包围，封锁逃跑路线，或者被敌人从后方、侧方偷袭等等。对于人数少的一方，想要在被包围的情况下反击逃走是非常困难的。

为了避免这种情况的发生，无论自己的射击技术有多么高超，也不能一直待在同样的位置与敌人战斗，保持移动才是聪明的做法。射击时发出的声音和火花非常容易暴露自己的位置，因此必须在射击以后马上转移到其他地方躲藏，否则可能会陷入多数敌人制造的火力网当中。

同时，还要注意自己的弹药数量，一个人能够携带的子弹或者备用弹匣有限，如果敌人数量很多的话，在战斗的同时，还要注意节约弹药。

在实际中，想要像电影中那样将敌人全部歼灭基本是不可能的。尤其是作战双方的作战素质相差不大，彼此之间配合默契的情况下，想要全身而退都是非常困难的，更何况歼灭对方。

在这种情况下，需要想尽办法制造混乱，然后趁机完成任务，马上撤退才是明智的做法。

在一对多的枪战中

在影视作品中，这种桥段总是剧情的高潮

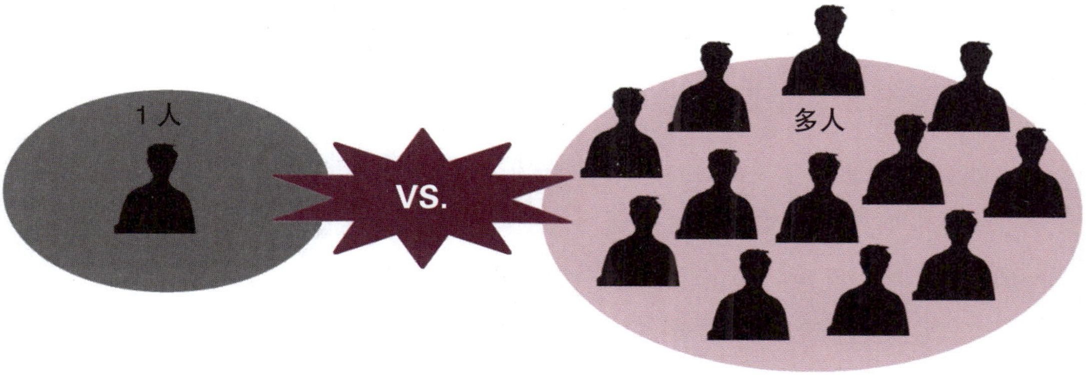

正常的战斗方式根本没有胜算

应该制造混乱，扰乱对方的注意力，然后趁机完成任务撤退

与多人作战时应注意的

- 不能让对方发现自己的藏身之处
- 避免弹药用尽

虽然躲起来能够保证暂时的安全，但是一旦这样做了，就无法观察到敌人的动向

就算发现了坚固安全的掩体，也不能一直保持不动。因为这样并不能阻止敌人靠近，有可能令自己陷入包围当中

No.065 空包弹也能伤人吗

空包弹是只有弹壳、少量装药、以及底火的子弹，通常用于训练和演习，在近距离中，依然有可能造成杀伤。

近距离仍会造成杀伤

发射空包弹除了是让部队习惯战场氛围的最简单也是最佳的方法以外，也是让电影中的战斗变的更逼真的常用方法。远距离使用空包弹射击并没有杀伤力，可是在枪口离得很近的时候，依然有可能造成一定程度伤害。

使用空包弹射击的时候，并不会飞出弹头，但是发射火药燃烧产生的气体或者残留的火药渣等还是会从枪口喷出，这些东西如果直接打在皮肤或者眼睛上会很痛。有的空包弹会装上用木屑或碎纸压缩制成的弹头，如果被这类空包弹击中的话，甚至有可能受伤。

空包弹发射的时候几乎没有后座力，射击的感觉与实弹相比有很大差别。有经验的射手仅仅通过开枪射击就能知道自己刚刚所发射的子弹是空包弹还是实弹。

使用空包弹射击时与实弹有很大区别，并不是只要口径吻合即可使用；使用空包弹之前预定为发射空包弹的枪支必须先行改装，例如在枪口加装转接器。转接器的功能在于增加发射空包弹时的安全性，以提醒射手“不要”把实弹装入发射空包弹的枪支中；转接器另外的一个重要的功能就是提供足够的模拟膛压维持枪机的正常运作。

使用空包弹拍摄电影的时候，会在枪口内部加装一个提高压力的装置，用来维持枪机的正常运作。若是在枪口外加装转接器的话，会降低影片的真实程度，影响观众的兴致。

空包弹的类型

虽然被空包弹击中没有大碍，但是也不代表会“毫发无损”

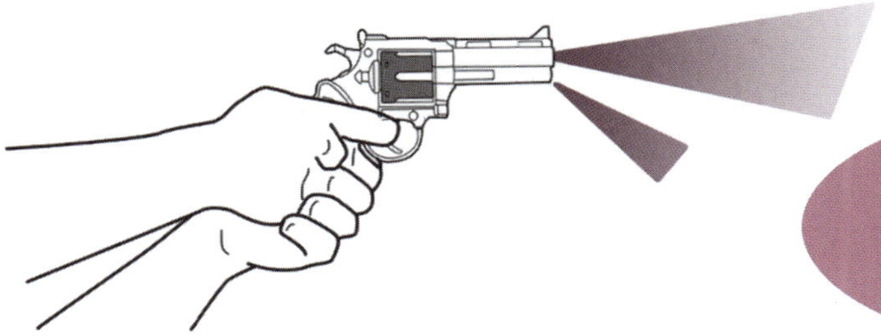

从枪口喷出的气体、火药残渣等近距离打在皮肤或者眼睛上会很痛

前端有木制、纸制、或者软木制弹头的有头空包弹

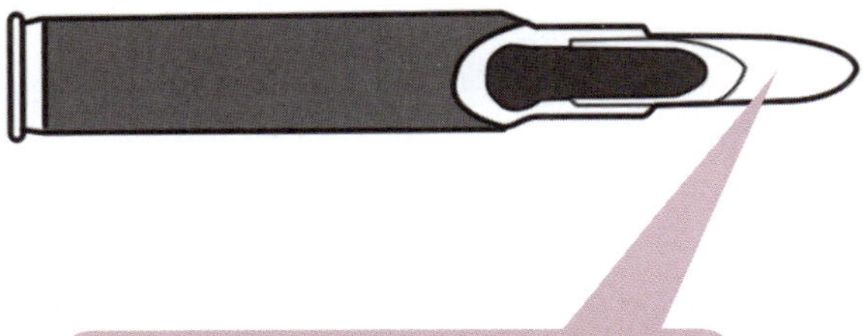

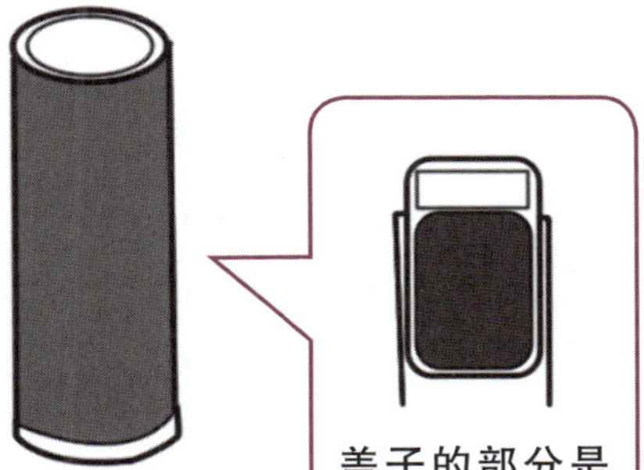

木制或者纸制的弹头从枪口飞出2~3米以后会自行碎裂

盖子的部分是用软木制成的。

前端收折的有头空包弹

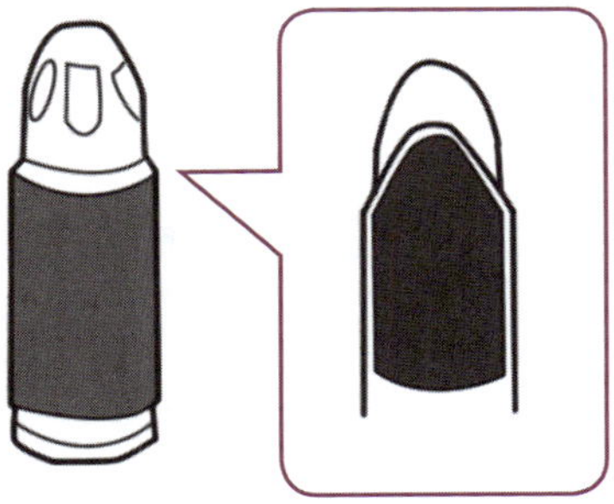

训练中需要加装转接器来完成枪机动作

为了防水并与实弹区分，会在收折的枪头上涂上油漆

步枪使用的空包弹除了在训练中使用外，还可以在发射榴弹时使用

No.066 子弹能击中水中的敌人吗

水中的阻力要比空气中大很多，那么子弹在水中遇到的阻力会影响到子弹的杀伤力吗？

水的阻力对子弹的影响

人从高处掉入水中的时候，水面的阻力会令人觉得像是直接撞在了墙上。按照这种推论，子弹在进入水中的时候会不会因为高速飞行中遇到水面的阻力而受到很大影响呢？

事实上，当朝着水面进行射击的时候，弹头几乎是毫无阻碍地进入水中。这是因为，与重力的作用相比，发射火药所产生的加速度要大得多。而且进入水中的物体所受到的阻力是与物体的表面积成正比的。因此，只有手指大小的子弹受到的阻力非常有限，并不足以影响它继续高速前进。

水的阻力并不仅仅表现在进入水面的瞬间，在水中的阻力甚至更强。水的密度和压力都要比空气中大许多，因此无论是那种弹头，都很难在水中轻松前进。就算是在空气中飞行距离很远的全金属被甲步枪子弹，如果是在水中发射的话，也前进不了多远。因为刚刚从枪口发射出来的步枪子弹，旋转还不够稳定，就像是快倒的陀螺一般，这时候就遇到了水中的强大阻力，影响到子弹的旋转加速，很快就会失去动力。

一般情况下，子弹在进入水深 1~2 米的时候就会丧失威力，此时就算是命中目标也无法造成多大伤害。也就是说，想要通过潜入水中的方式逃跑的话，只要潜入水深 2 米以下的地方基本就能避免致命伤害。

水对子弹的影响

人从高处掉入水中的话，会像撞上了一面墙一样

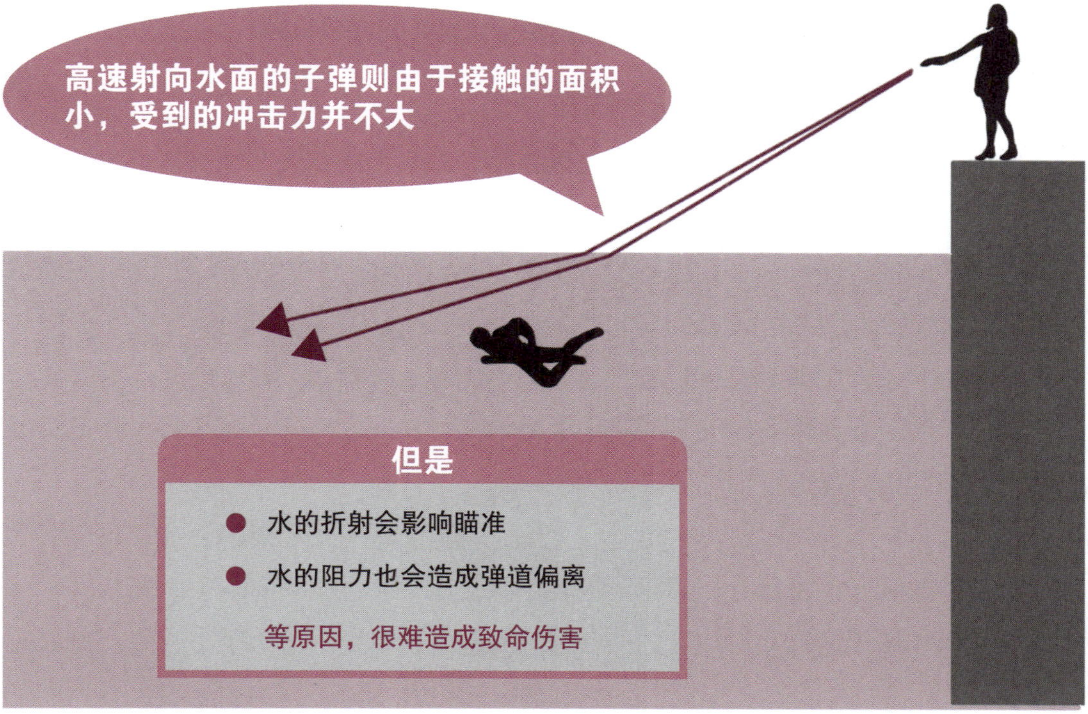

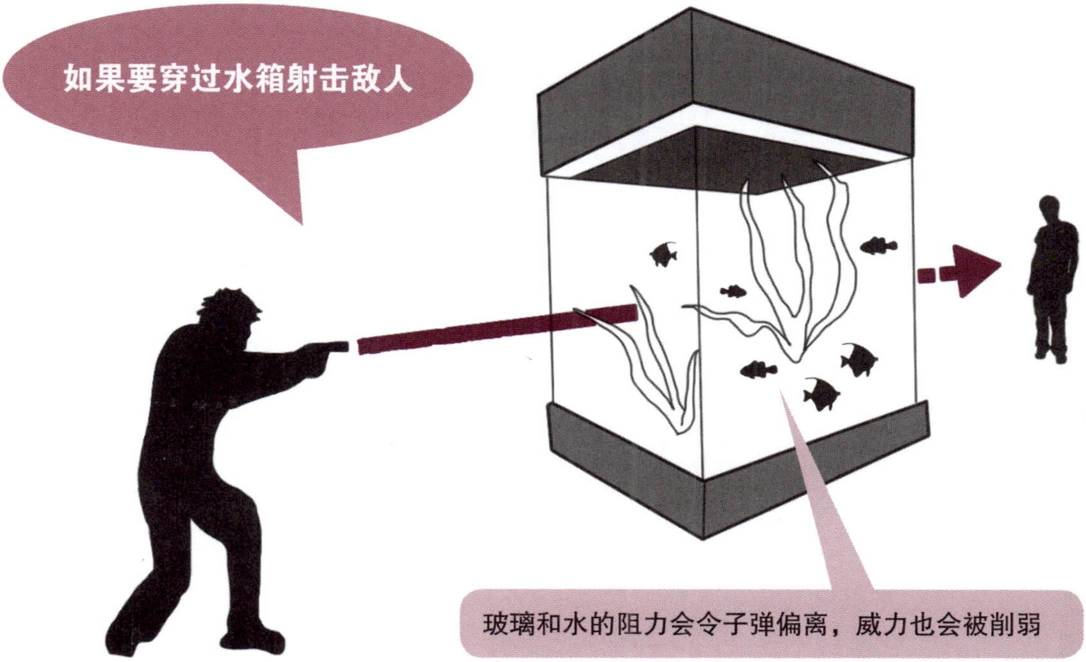

No.067 怎样打掉敌人的枪

有的人能够轻松瞄准任何他所看到的目标，就算是别人手中的枪，也能开枪打掉。

怎样打掉别人的手枪?

在与人持枪对峙的时候，如果能打掉对方的手枪，就会处于绝对的优势当中。然而想要做到这一点并不容易，毕竟手枪本身的目标并不大，而且从正面看的话，握把占据了绝大部分面积，而这部分却握在敌人的手中。

如果在打飞对方手枪的同时并不在意是否会打断其手指的话，倒并不算十分困难。但是如果只想把枪打飞而又不能伤及对方，那么攻击的范围就会缩小很多。在射击的时候只能瞄准手枪的枪管和滑套部分，而这两部分正面的面积简直小得过分。

所以，最好寻找对方的枪管朝上或者朝下的瞬间开枪射击。这时候目标的形状是狭长的棍棒状，面积要更大一些，命中率也会更高一些。若是对方正常持枪瞄准的话，所能看到的目标只有枪管以及周围的一个小圆圈，很难命中。

当然，如果有把握连这么小的目标都能命中的话，那就算是与对方正面对抗也根本不在话下。哪怕是要在不伤及对方的情况下把枪打飞，对这种水平的射手来说，应该也不算是太大的问题。

如果条件允许的话，能够趁着面向对方侧面的时候进行射击是再好不过的。手枪面积最大的地方就是侧面，此时射击的命中率是最高的。而且从侧面进行射击的时候，就算是没有打中对方的手枪，直接造成对方伤亡的概率也要比正面射击低。

只想打掉对方的手枪

在战斗中，用子弹打掉对方的手枪是难度非常高的技术

从侧面射击的成功率更高

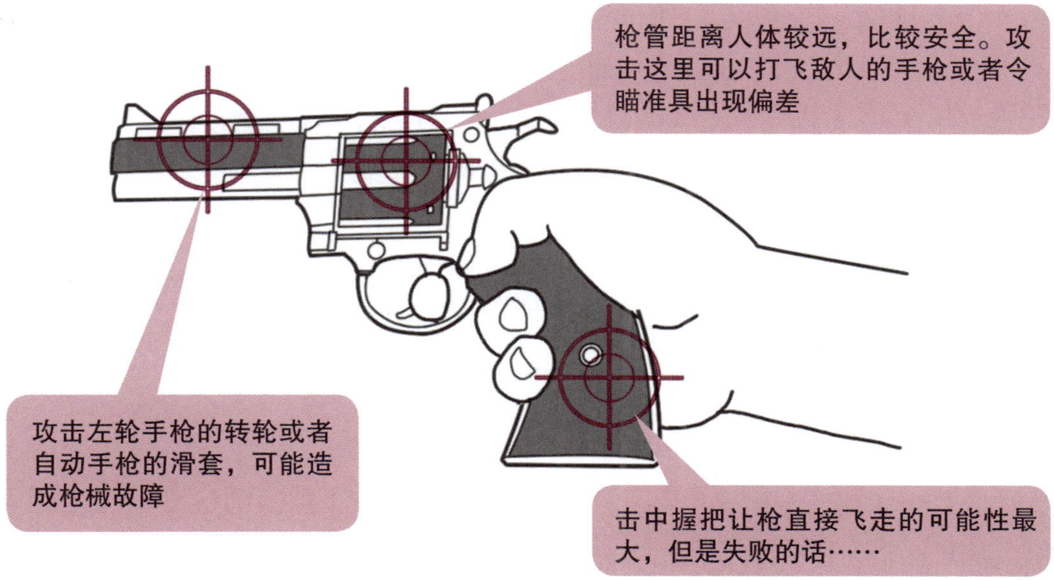

No.068 夺取敌人的枪应注意什么

在自己手中没有枪或者弹药耗尽的时候，可能需要夺取敌人的枪械继续作战。

最好事先检查好枪械

一般需要从敌人手中夺取枪械的时候，都是因为自己手中并没有武器或者武器已经无法继续使用了，而且还要向敌人发起反击。这时候选择的目标往往是敌人准备使用或者正在使用的枪械。

夺到枪以后要考虑的第一件事情就是要确认枪膛中是否还有弹药。如果枪膛中还是空的话，就拉动滑套或者枪栓，把子弹上膛。接着，还要确认弹匣中剩余的弹药数量，可能的话，最好取下滑套确认弹匣中还有多少发子弹。如果是左轮手枪的话，则要把转轮甩出来确认剩余的弹药。

如果是把敌人杀死或者打昏以后夺枪的话，可以把敌人的主要武器、备用武器全部拿走。除了确认枪膛中是否有弹药以外，还要确认保险装置处于什么状态。

如果不是敌人刚刚还在使用的枪械的话，敌人身上的枪是很不可靠的东西。因为有的人习惯于在枪管或者弹药上动一些只有自己知道的手脚，令别人无法使用，甚至还会出现炸膛等意外。

从敌人的军火仓库或者房间中“偷”枪也是非常常见的情况。这种时候拿到的枪要么是刚刚运来不久的新枪，要么就是放置很久都没使用的枪械，所以必须要确认好枪支的各部分动作是否正常。在军火仓库中一般不会缺少枪支和弹药，因此可以选择一把自己称手的武器和足够的弹药。

夺取敌人枪时应当注意的事项

敌人的枪分为几种，为了保险起见……

最好夺取敌人正在使用的枪

确认枪膛中还有弹药

确认弹匣中的剩余弹药

夺取敌人放在枪套中的枪

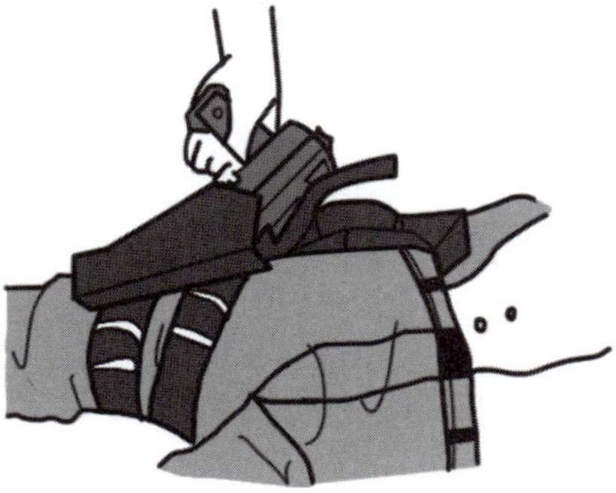

确认保险装置的状态

确认子弹是否上膛

夺取敌人房间内或者军火仓库中的枪

确认枪支的各种动作是否正常，检查有没有故障

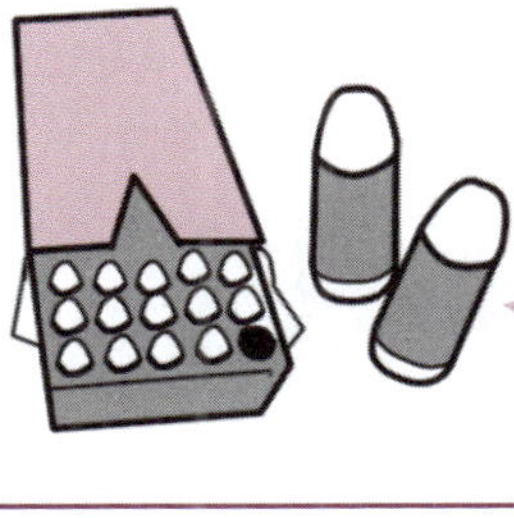

一般在这些地方放置的枪通常都会有足够的弹匣和弹药

No.069 假装没有敌意能欺骗敌人吗

在枪战中，有时候会由于意外陷入劣势当中，此时会有人假意投降然后趁机反击。

假装投降

把武器递给对方，通常是表示没有抵抗的意向，代表弃械投降的意思。

如果是把刀剑等递给对方的话，必须要将柄部朝向对方，否则别人会误认为是要攻击的意思。

如果是手枪的话，反方向的握枪并不一定等于要投降了。因为在这个过程中，如果对方以为并不能立刻攻击而大意的话，此时以手指为转轴旋转扳机护环，调转枪身以后握住握把，就能重新进入攻击状态。

要流畅地完成这个动作需要一定的训练，不同的手枪在旋转时也稍有不同。在美国的西部影片中，牛仔们常常通过这个动作来耍宝，这个动作被称为“Trick Play”或者“Trick Shot”。

在西部片中，这个动作在实战中通常是当作“障眼法”使用，意在迷惑对方。现在的一些电影中将其当作最后的一击来吸引观众的眼球。

在使用自动手枪假装投降的时候，往往会把弹匣拿下，示意自己打算投降。此时枪膛中仍然保留了一发子弹，趁着敌人大意的时候用这最后一发子弹来决定胜负。（有的自动手枪在拿下弹匣以后就会关闭保险装置，无法射击。）

反方向拿枪乍看之下是有投降的意思，但是对于熟知各种枪械特点的专业人士来说，这么做只不过是班门弄斧的小把戏，想要通过这种方法逆转是很难得逞的。

假装投降的真实想法

并不意味着是真心投降，有可能是要殊死一搏

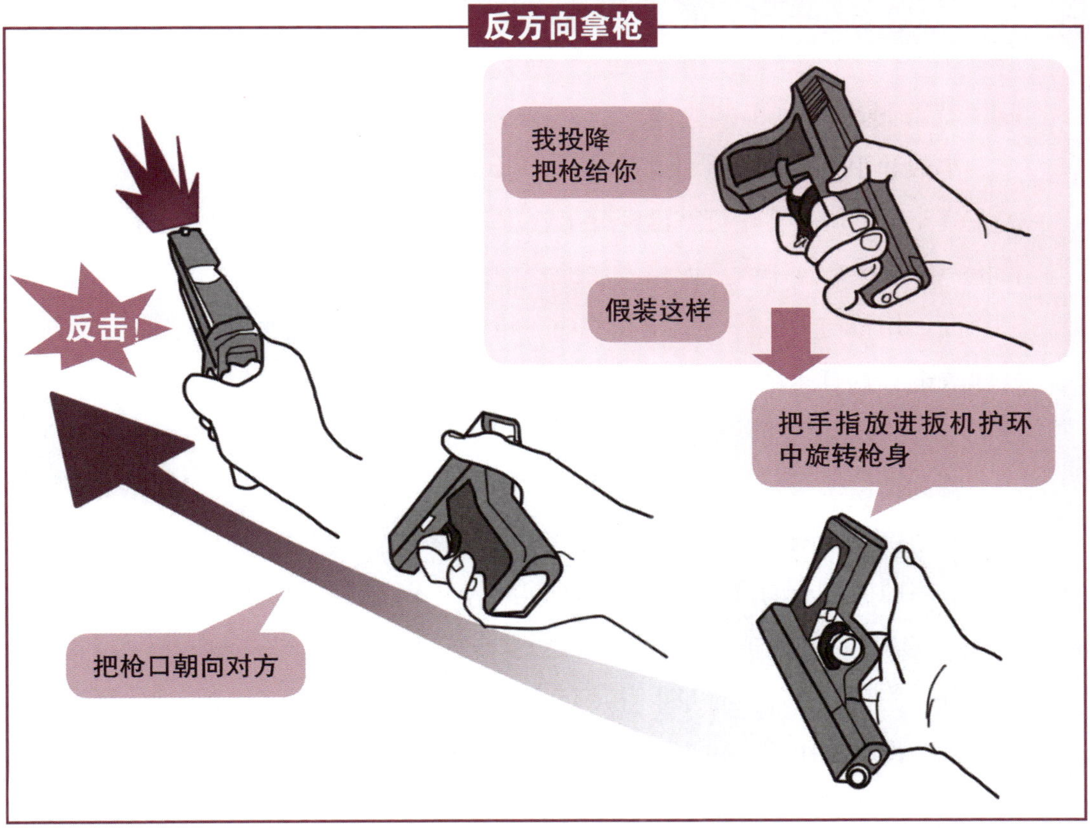

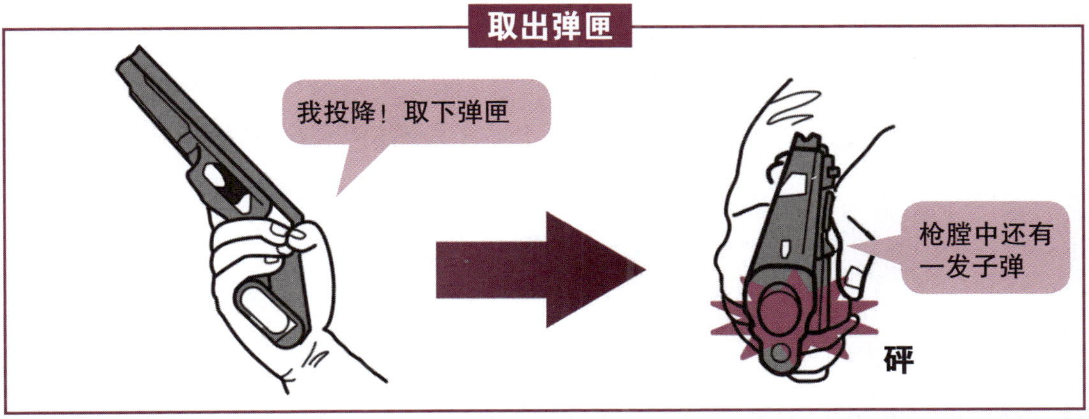

这种小把戏不可能骗到熟知各种枪械特点的专业人士，但是对于一些并不在行的人或许有用

No.070 和使用冷兵器的敌人战斗应注意什么

持枪与使用冷兵器的人战斗时，绝不能因为自己的武器占有优势而大意。

就算是小刀也不能大意

小刀和手枪相比，看似差距很大，几乎毫无可比性。在使用这两种武器的人战斗时，似乎不用打就已经分出胜负了。然而，就是在这种心理作用下，持枪一方往往会过于大意而陷入危机。

在使用枪与刀剑等冷兵器作战时，枪能够在刀剑的攻击距离之外单方面发起攻击，具有压倒性的优势。因此，使用手枪与小刀战斗时，要始终保持处于小刀的攻击范围以外，避免因为疏忽大意而被敌人攻击到。

就算是保持了一定的距离，也要时刻提高警惕。如果以为刀剑等武器的攻击范围仅仅局限于手能挥舞的距离之内，那就大错特错了。有的人在战斗中会采用抛掷刀子的方式攻击近距离的敌人。不过射手只要保持警惕，在对方做出攻击的动作之前，就可以开枪把对方打倒。

有一些特殊的小刀能够利用人的大意从远距离进行攻击。前苏联就曾经制造了一种战术小刀，可以通过强力的弹簧将刀刃射出，近距离的杀伤力非常可观。除此以外，还有一种刀型手枪（Knife Pistol）， 是一种在刀柄中装填子弹的武器。

如果对方使用的是这两种小刀，用枪的射手不仔细看的话很难发现。对方可能会主动表示手中只有小刀而已，在射手疏忽大意的时候发起偷袭，此时就很难避开了。

危险的小刀

小刀和手枪战斗时，手枪看起来占有压倒性优

小刀

VS.

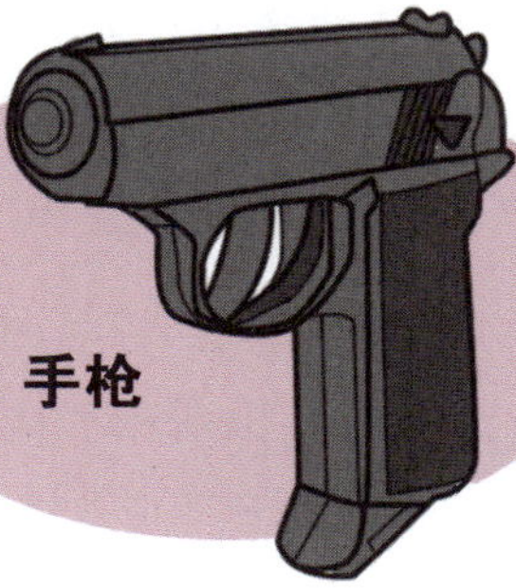

手枪

要靠近才能发挥威力

就算在远距离也能杀伤对方

但是不能小看刀子

有一种能够装填子弹的刀子

弹容量 3 发，与枪管一体成形

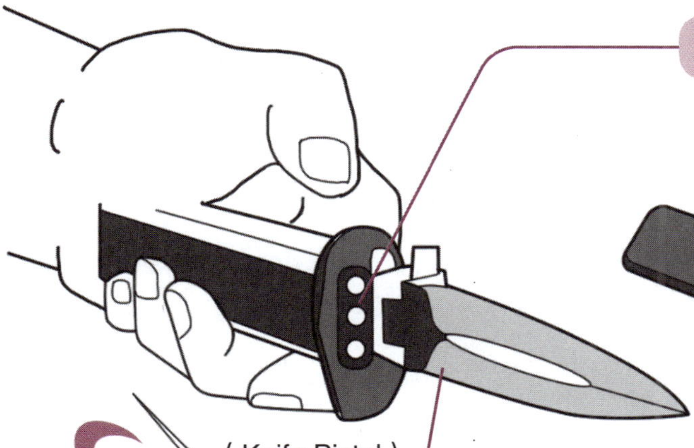

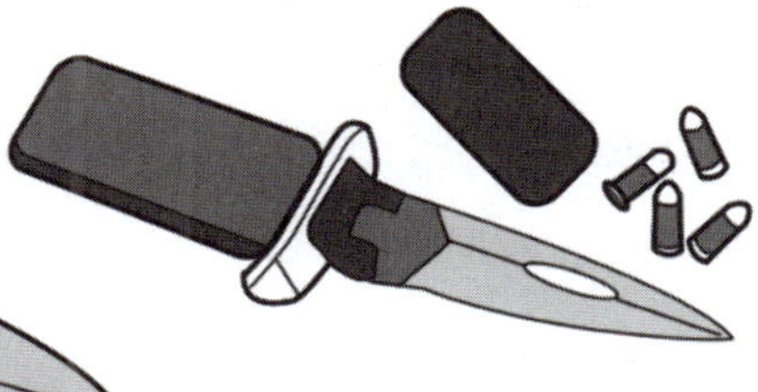

(Knife Pistol)

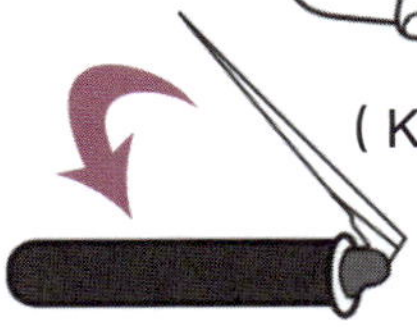

平时可以折叠起来

表面看起来手中只有一把小刀，趁对方疏忽大意的时候开枪射击

No.071 如何射击自己身后的敌人

在枪战中，万一不小心被敌人绕到身后是很可能发生的，此时应该怎么应对呢?

当背后有人瞄准时

如果在自己身后有敌人，必须要假设对方的手指已经扣在扳机上，随时都可能开枪射击。因此，最好不要想快速地回头射击击倒对方，这样做可能会令对方条件反射地开枪。

运气好的话，对方在瞄准以后可能会说“不许动！再动我就开枪了”之类的话。此时，对方没有立即痛下杀手，可能是因为疏忽大意或者是被要求“抓活的”。不管怎样，起码不会立刻被对方击毙。

面对这种情况时，最好的时机就是趁对方说话之际，不回头的同时把手枪向后方连续发射多发子弹。这样做的目的并不是指望就这么轻松将敌人击倒，而是为了争取反击或者逃走的时间，有没有命中对方都无所谓。一般人在子弹射向自己的时候，都会出现慌乱，可能会选择趴下或者寻找掩体藏身。再者就算对方此时并不闪躲，而是选择开枪射击，精准度也已经有所下降了。

如果手上的枪处于对方视线死角的话，可以从腰间向对方开枪，在电影中也常常看到这种做法。但是碰上生性谨慎的人的话，可能会特别注意腰间的位置，在觉着有蹊跷的时候就会开枪射向目标。此时要是穿着宽松的衣服，可以依靠衣服的掩饰，在对方看不到枪口的时候开枪射击。甚至还有人在逼不得已的情况下，采取与对方同归于尽的措施。

当然，如果运气不好的话，对方可能并没有在身后造成丝毫声响的时候就已经开枪射击了。

当背后有人瞄准时

切记不能回头

对方用语言进行警告

从对方的视线死角开枪射击

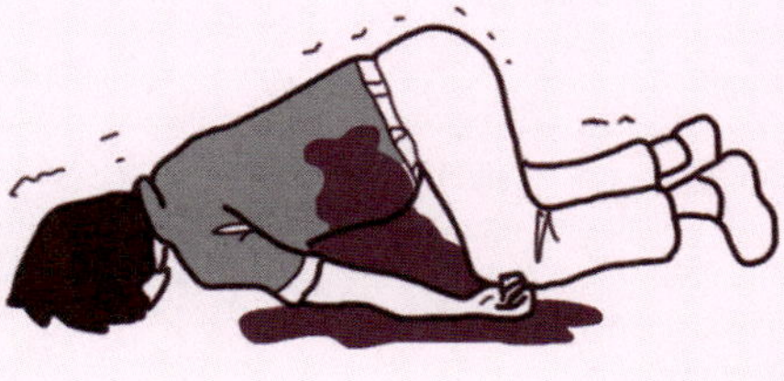

最为极端的方法是采取与敌人同归于尽的做法

No.072 在高速行驶的车中开枪会怎样

许多人都热衷于飞车追逐的动作大片，尤其是其中再加上枪战元素，场面就更加火爆了。

车速与弹速

如果从高速行驶的车中向后方开枪，那么方向相反的车速会不会对子弹的飞行速度产生影响呢？实际上，如今汽车的速度与子弹的速度相比几乎是可以忽略的，更不用说能产生什么影响了。

不同的子弹速度有很大差别，一般9毫米口径手枪的子弹速度为350~400米/秒；步枪子弹的速度则要高以些，7.62毫米子弹的速度为700–900米/秒，5.56毫米子弹的速度能达到1000米/秒（这里所说的速度是指子弹离开枪口时的速度——初速）。子弹在命中目标时的速度可能会因为空气阻力的原因而降低，不过也都处于误差范围之内。

相比之下，汽车的速度就要慢得多了。如果不是在高速公路上行驶的话，时速能达到60~80千米就算很快了，换算成秒速的话为16.6~22.2米左右。因此就算把汽车的速度与子弹的速度进行抵消，也并不会对子弹的速度产生多少影响。加上在飞车追逐中，双方的车速往往差不多，本身就是相对静止的，所以车速对子弹的影响力根本不需要考虑。

与其纠结于速度是否会受到影响，不如认真考虑一下在这种情况下该如何瞄准，尤其是从高速行驶的车辆中向侧面进行射击的时候。此时，汽车处于高速行驶中，所以在射击的时候必须考虑到车辆行驶的速度，否则子弹向前进方向偏移。

仅仅是要把子弹射向对方的话，使用冲锋枪不失为一种非常实用的方法。要是想进行精准的狙击的话，就需要相当的技术了。

从高速行驶的车辆中射击

朝着前进方向射击

因为车辆也在前进，子弹的速度会加快吗

向前进方向的反方向射击

射击方向与前进方向相反，子弹的速度会变慢吗

车辆的行驶速度几乎不会影响到子弹的威力

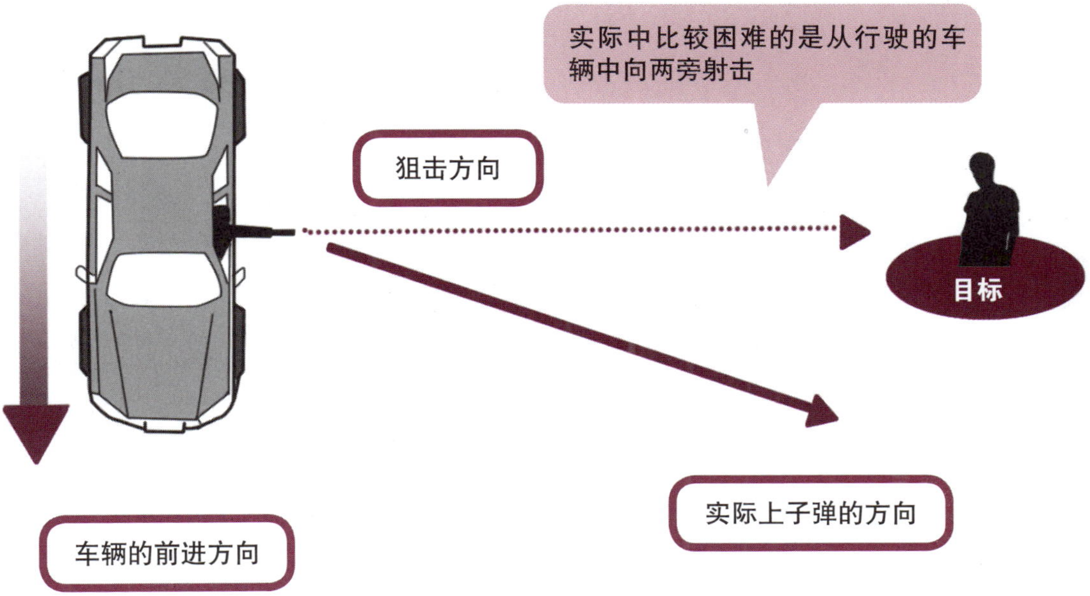

因为车辆的速度会让子弹偏离目标，所以射击的时候往往会用冲锋枪射出大量子弹来杀伤目标

No.073 摩托车上使用后座力强的枪械时应注意什么

在吉普车之类的车辆上搭载机枪进行射击，是一些影片中常见的场面。那么如果在摩托车上射击的话，会有什么不同呢？

并不实用的高难度技巧

摩托车是一种并不稳定的交通工具，如果不以一定的速度行驶的话就会摔倒。如果松开一只把手的话，车头会变得不够稳定，想要在这种情况下射击的话是很困难的。

首先需要克服的问题是射击时的后座力，后座力不会因为在摩托车上而增大，因此只要平时能够熟练地使用枪支，懂得用肩膀、手肘、腰部等部位作为缓冲的话，就可以很大程度上吸收后座力，不论是向哪个方向射击都一样。在一些军队的特技表演中，有时候也会有驾驶摩托车行驶的时候使用突击步枪进行精确射击的高超技术，这当然不是一般人能够做到的。

其次，摩托车的油门是右侧的把手，因此只能用左手持枪射击。想要两手持枪的话，就必须放开双手，摩托车自然就无法继续加速。而且摩托车在松开油门以后，就会启动引擎刹车，速度会逐渐减慢。在一些特技表演或者电影中，摩托车手如何做到两手放开的呢？通常有两种方法，一种是用橡皮筋之类的东西固定住摩托车的油门，以保证摩托车继续行驶；另一种是在摩托车高速行驶的时候换为空档，利用惯性继续前进。

虽然一边骑车一边射击并非不可能，但是也并不是值得提倡的技术。无论单手还是放手骑车，对摩托车的控制能力都会下降，又因为射击而分散注意力的话，摔倒的可能性很大。

骑在摩托车上射击

要在骑车的同时松手射击的话也不算很难

后座力会被手臂和腰部吸收

例如军事表演的时候

或者是电影中的高潮部分

但是

- 无法紧急刹车或调转方向
- 无法确认路面状况
- 无法加速
- 命中率也是个疑问

优缺点相比之下，还是不要勉强了

摩托车部队在射击的时候，通常会放倒车身，作为掩体使用

No.074 如何赢得“飞车枪战”

在飞车追逐时进行的枪战与一般的枪战有所不同，射击时不必拘泥于攻击车中的人员，打坏对方的车辆行驶装置也能取得上风。

射击车身，引发车祸

车辆在高速行驶的时候是非常危险的，无论是遇到紧急状况时来不及刹车还是驾驶中出现了其他失误，都可能会直接撞上去或者冲出护栏翻车。而且车速越快的话，翻车的死亡率就越高。在飞车追逐的过程中，追逐的一方和被追逐的一方都会不断加速以求追上/摆脱对方，因此速度只会越来越快。在这种情况下，一旦发生车祸，车里的人员很难平安无事。

在飞车追逐的枪战中，通常一般的反应是攻击车里的人。但是车辆的玻璃以及车体都会影响射击，能不能伤到对方全靠运气。

既然如此，还不如直接攻击车辆本身来制造车祸更加实际。普通的车辆对子弹的防御力是很弱的，尤其是轮胎这样的薄弱部位。只要打爆其中一个轮胎，就会影响到车辆的行驶。如果是处于高速行驶中的车辆爆胎，很可能会翻车，并导致爆炸、燃烧。

这种方法看起来很有作用，但是实际中想要击中行驶中不断上下左右活动的车辆要害是很难的。这时候如果有一把装填了大型霰弹的霰弹枪或者冲锋枪就事半功倍了。这些小尺寸的枪在车内使用非常方便，就算没有精确地瞄准对方车辆的要害也能打出许多小洞，命中对方车辆要害的可能性也比手枪要高很多。当然，如果能使用榴弹发射器的话效果更好，只需要一发就能让对方的车辆变成碎片，就算没有直接击中，也可能会造成翻车或者令车内的人受到伤害。

狙击敌人的车辆！

如果在飞车追逐中攻击对方车辆的要害的话

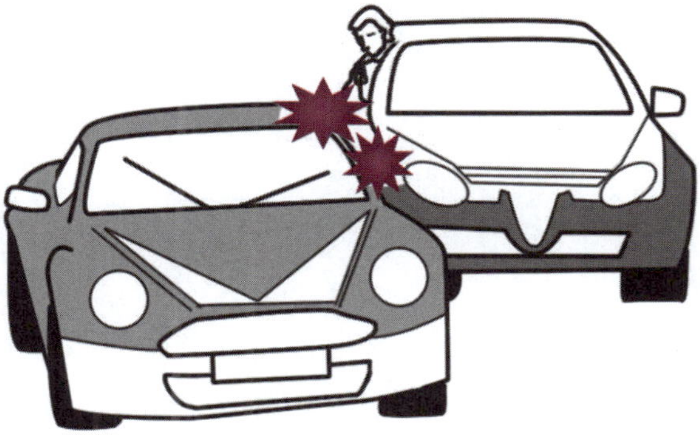

应该瞄准的部位是

- 轮胎
- 各种镜子
- 油箱位置
- 驾驶位置

无法控制的车辆会发生车祸，造成车内人员伤亡

更直接的攻击方式

用榴弹发射器攻击对方车辆，直接炸成碎片

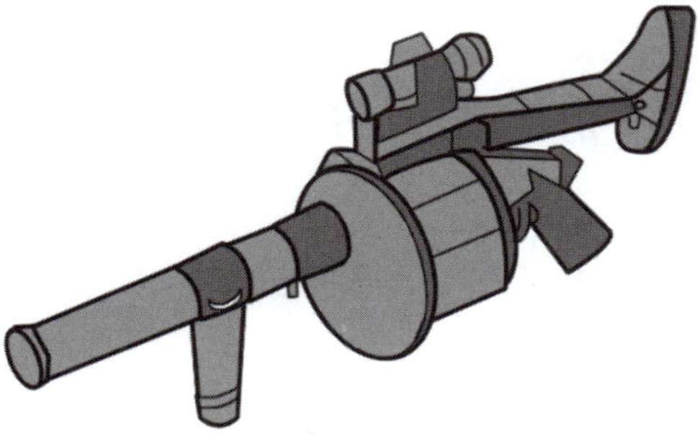

在进行飞车追逐的时候可以使用连发的榴弹发射器，直到将对方炸飞为止

No.075 射击哪里能让车停下来

在电影中常常会看到警察持枪站在车辆前方，或者从后面开枪制止车辆前进的剧情。实际上需要射击某些特定的位置才行。

需要射击特定的部位

想让行驶中的车辆停下来，通常射击的位置有两个：动力装置和行驶装置。

所谓动力装置就是汽车的引擎部分，能够为车辆提供行驶所需的能量。大多数车辆的动力装置都位于车身前方的，能够直接用子弹攻击，但是子弹在穿过引擎盖以后还有多大威力就是个疑问了。

在一些电影中，主角可能通过一发威力比较大的 .44 马格鲁姆弹就击毁了对方的引擎，但事实上 .44 马格鲁姆弹并没有这么大的威力。就算是威力要比马格鲁姆弹更大的步枪子弹，也很难做到一发就摧毁车辆的引擎。因此，在射击的时候往往是通过连续射击大量子弹，希望能够射中电池或者化油器等重要的零件。

行驶装置也就是汽车的轮胎，是支撑汽车前进的重要部分。只要损坏一个轮胎就会令车辆无法高速行驶，威胁程度自然也会下降。但是想要瞄准行驶中的车辆轮胎难度很高，除非是射击高手，否则很难准确地命中。

杀伤驾驶员也是非常有效的方法，挡风玻璃中弹以后，会以命中部位为中心出现放射状的裂纹，会造成驾驶员视线模糊，影响驾驶。此外，如果打坏了引擎盖开关的话，盖子会因为前进时产生的风压打开，同样会影响驾驶员的视线。

不论是用哪种方式进行射击，车辆都不会立刻停止。所以在攻击对方之前，要考虑好如何避开失控的车辆。

用子弹阻止车辆前进

最好使用穿透力强的全金属被甲弹或者穿甲弹。

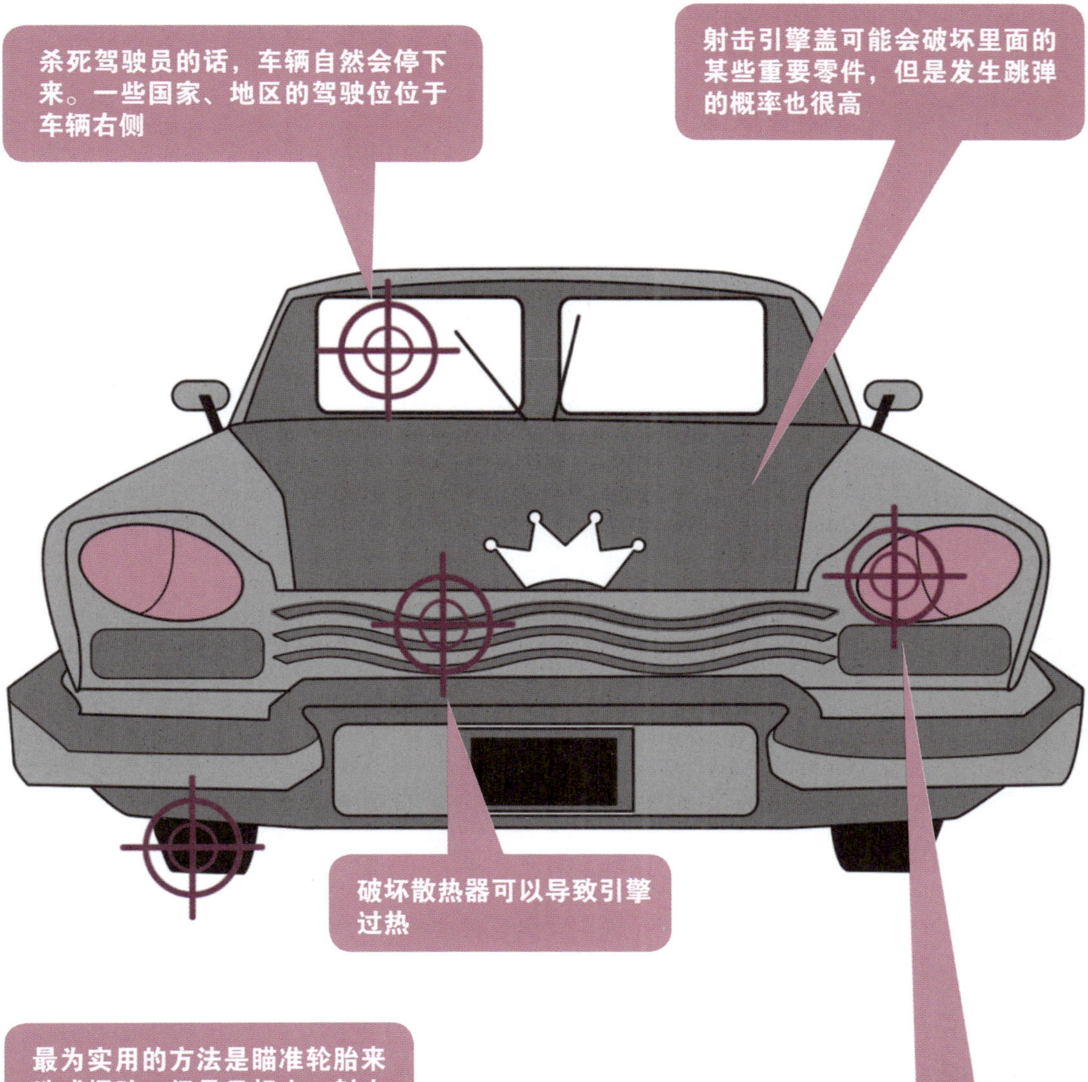

注意

无论击中哪个部位，车辆都不会立刻停止，会在惯性作用下继续前进

No.076 以车为掩体时应注意什么

枪战时双方隔着车辆互相射击是非常常见的场面，在以车辆作为掩体的时候，需要注意什么呢？

车辆最坚固的部分是引擎

在隔着车辆进行枪战的时候，通常有两种情况。一种情况是坐在车内开枪，从车内向外射击的时候，一般会把车窗或车门打开，探出身体进行射击。但是如果情况紧急的话可能要在来不及打开车窗的情况下就直接射击。因为本身车窗玻璃就没有多少防御力，就算没有直接被命中也可能会出现裂痕，影响视线。所以还不如在此之前就将玻璃打破。

射击的时候最好把座椅放下，尽可能压低身体，利用车体作为掩体。在侧面遭到攻击的时候，可以打开另一侧的车门，从车底射击敌人的脚部，虽然看起来不算光明正大，却是非常有效的方法。

另一种情况是双方在车外进行枪战，之间隔着数辆汽车相互射击。在这种情况下，虽然已经隐蔽得很好了，但是还是要小心子弹击中引擎盖等部位以后产生的跳弹。

另外，车门整体并不坚固，除了里面有框架通过的地方以及钥匙孔周围的部分足够坚固以外，其他部位用手枪子弹就可以轻松贯穿，因此不能当作掩体使用。这是从车内人员的角度所考虑的，任何可能存在的危险都会伤及性命。

从车外向车内攻击的时候，则不能忽略车门的防御能力，哪怕并不强。在射击的时候，必须把子弹分散射击在车门上，避免子弹被车门框架之类的坚固物体所阻挡或者削弱。

以车辆为掩体进行枪战

从车内向外射击

如果情况紧急，可以直接打破车窗进行射击

让对方的子弹打中车窗的话，玻璃可能会出现裂痕影响视线，还可能被碎玻璃所伤

隔着车辆进行枪战

从上面探头时必须要小心

小角度击中车身以后，子弹在变形以后还会继续飞行

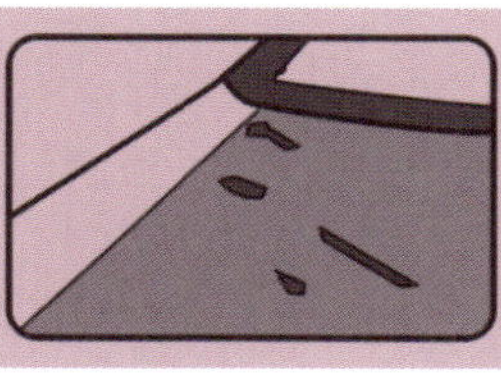

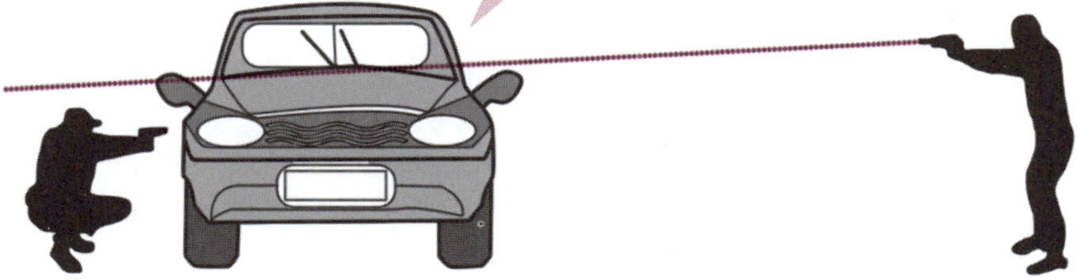

从车外攻击车内的人

玻璃、车体会妨碍射击，但是打碎玻璃的碎片可能会伤到对方

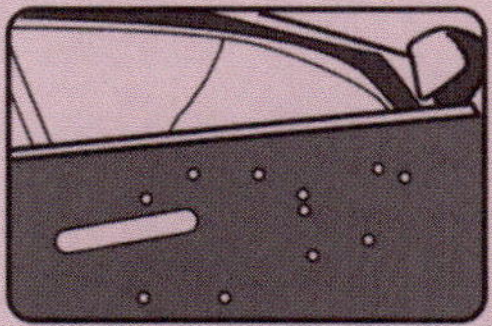

手枪子弹无法贯穿车门框架或者钥匙孔等部分，因此必须分散射击车门

No.077 汽车油箱被击中后会爆炸吗

在电影中，我们常常可以看到汽车被击中油箱以后发生爆炸，事实上，子弹仅仅是贯穿油箱是无法引起爆炸的。

一般的子弹并不能做到

在许多描述枪战的影片中，汽车经常会被子弹打成马蜂窝，最后燃烧爆炸；或者是在狙击对方的汽车时，瞄准油箱部位射击，然后就引起了汽车爆炸。

这种场面虽然看起来很火爆，但是事实上是不可能的，这是因为子弹的弹头不过是用铜皮包裹铅块构成的，并没有能够引起汽油燃烧的成分。虽然汽油本身是非常易燃的液体，但是仅仅是贯穿油箱，最多只会让汽车漏油而已。

在汽车被打成马蜂窝以后，可能会因为某些线路被子弹打坏而发出火花，这时候要是接触到了汽油有可能引起燃烧或者爆炸。也就是说，虽然子弹能够把油箱打漏或者把汽车的某些线路打坏引起燃烧，但是并不等于子弹本身能够引燃汽油发生爆炸。

有人会觉得子弹击中车子以后产生的火花或者摩擦的热量会引起汽油燃烧，这种事情虽然不是不可能的，但是具有很强的偶然性。

如果想要用子弹引爆汽车的话，大多数射手会选择穿甲弹或者曳光弹。穿甲弹比较坚硬，很容易产生火花或者发热；而曳光弹本身弹头就能燃烧，击中油箱以后起火的可能性很高。

总之，想要用普通的子弹引起汽油燃烧是很困难的。影片中一些把汽油淋在其他物体上，然后用枪射击点火的方式看起来很酷，但是真实度是很低的。同理，就算是用子弹射击炸药，除非子弹本身能够燃烧，否则也很难引起爆炸。

油箱能够引起汽车爆炸吗

汽油虽然是危险的易燃品，但是想要用一发子弹就让汽车燃烧爆炸的可能性非常低

想用子弹引起油箱爆炸的话……

除了子弹必须击中油箱以外，还需要点火引起汽油燃烧

具体来说

- 使用弹头本身就会燃烧的曳光弹等特殊的弹药
- 使用穿甲弹等弹头硬度很高的弹药，容易在和车身或者油箱摩擦的时候产生火花

油箱破裂，汽油气化，再加上子弹打中了电路系统以后造成短路……

大爆炸

专题：在枪战中如何保护别人同时不拖累自己

在许多影视作品中，主角往往都是浑身优点的伟大人物，因此也就设计出了许多主角们在枪战中保护弱者，哪怕是生死攸关的时刻也要一起逃生的情节。

似乎“为了保护他人而战斗”这个主题深受观众的喜爱。实际上，像影片中这样需要被保护的人在枪战中就等于“累赘”、“拖油瓶”，一不小心可能会危机到其他人的性命。

在这类需要保护的人当中，小孩和女人最难处理。小孩会因为搞不清状况而耍性子，女人则会由于恐惧而惊声尖叫。在电影中往往会因为这类人物的存在显得剧情十分紧张，这种混乱的场面也是为了增加戏剧性而惯用的手法，同时也是主角克服障碍、人格升华必须要完成的任务。

如果此时负责保护的并不止一个人，而是一个小队的话，情况要简单得多。小队成员往往会抽签决定谁来扮演“保姆”的角色，其他人就能专心地战斗，掩护“保姆”和“累赘”逃走。

如果没有同伴，必须要单独携带“累赘”的话，那就糟糕透了。一方面要进行掩护，一方面又是战斗的主力，对个人的体力是极大的考验。

不论如何，如果会带着“累赘”行动，一定有其深层的原因和目的，通常会尽量避免战斗，专心逃走。

第五章

其　　他

No.078 命中率和火力

枪械能够发挥的作用是由命中率和火力两方面决定的。

重视命中率还是火力?

命中率是枪械发挥威力的前提，想要提高枪械的命中率，必须要对枪进行改造。

首先需要注意的就是枪管中膛线的精度，技艺精湛的枪械工匠或者生产厂商制作的枪管要精密得多。在生产完成以后，会有专门的专家对膛线进行检查，并且会从中挑选出一些精度比较高的枪械作为精确射击的武器。其次，枪械的瞄准具也非常重要。在普通的枪械上安装可以微调的照门、光学瞄准具或者改造瞄准具等都能提高枪械的命中精度。此外，使用能够稳定射击的握把也有助于提高射击精度。

如果更侧重于枪械火力的话，更多的是选择改装弹药。

就算是同一把枪，使用威力更大的弹药也能提高火力。当然，每把枪的在制作时都有预设的火力等级，如果使用的子弹威力过高，枪械可能会因为强度不足而损坏。因此，在改装的时候需要把枪膛和枪管都更换成能够使用大威力弹药的高强度零件，有可能的话，还可以使用加长的枪管，威力会更大。如果是自动手枪的话，更换枪管和枪膛的时候，可以连同滑套一起更换；如果是步枪的话，最好把枪栓等需要发力的零件统一更换。

此外，配备弹容量较多的弹匣也是提高火力的常用方法，连续射击能够形成火力网进行火力压制。

精度和火力，不论更侧重于哪个因素，最重要的是要明确地知道想把这把枪改装成什么样。这两个因素之间很难实现平衡，若是强行改造，很可能会导致两方面都没有得到强化。反而是侧重于其中一个方面的枪更方便选择和使用。

如何选择

重视精度

更换高精度的枪管

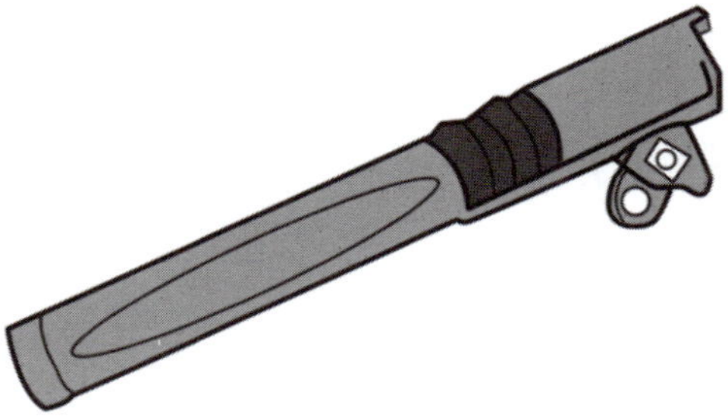

更换瞄准装置

更换握把

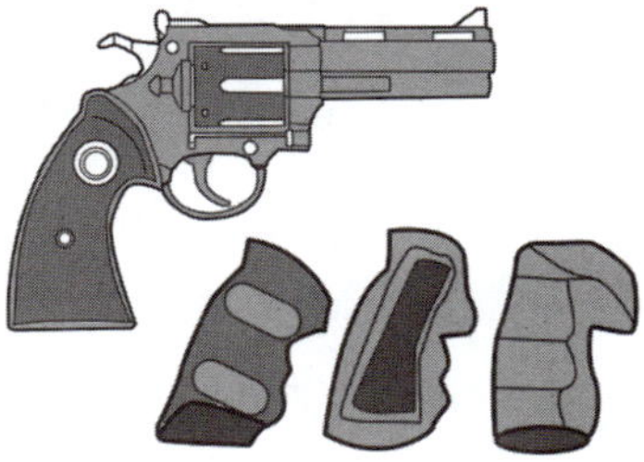

重视火力

更换大威力弹药

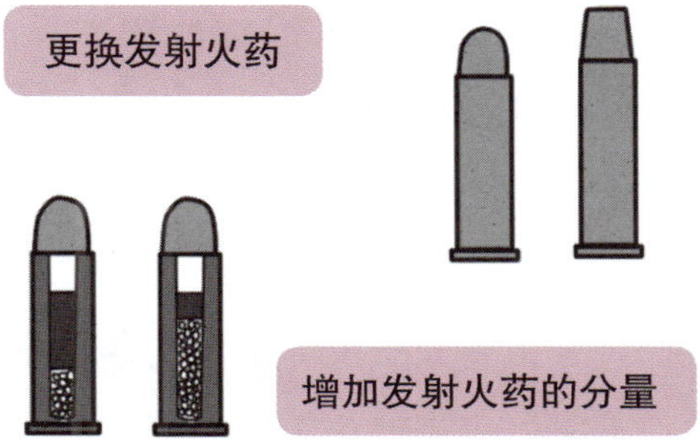

更换长枪管

使用弹容量多的弹匣

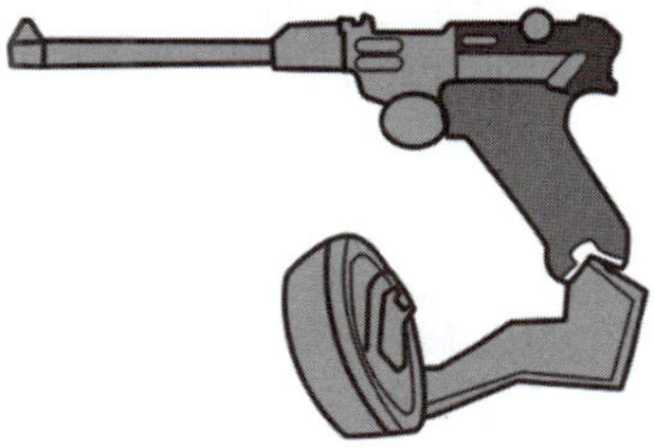

根据自己的目的适当取舍

No.079 如何增加手枪弹容量

手枪外形小巧，方便携带，这样带来的一个缺点就是弹容量比较少，这两者之间的矛盾如何调和呢？

枪身与弹容量之间的关系

在冲锋枪得到普及以前，最为适用于战壕战或者室内战斗的枪械只有手枪。当时的手枪平均弹容量只有 7~9 发左右，人们为了增加弹药数量想出了很多办法。

大多数手枪都是使用盒型弹匣供弹的。一般可以分为单排、双排、四排弹匣。单排弹匣结构较简单且阔度较小，但弹容量低，双排弹匣弹药为左右排列方式，通常装弹量较高（以相同高度计算）但尺寸较大。四排弹匣则为一种更高装弹量的弹匣，尺寸更大，弹药以各双二排的方式排列，在弹匣末段变为单排以方便供弹。

除此以外，还有一些比较特殊的弹匣。

比如 20 世纪初德军的制式手枪鲁格 P08，除了使用普通的盒型弹匣以外，还专门开发了一种螺旋式排列弹药的“蜗牛型弹匣”。这种弹匣可以容纳 32 发子弹，搭配枪托可以像冲锋枪一样使用。这种弹匣虽然弹容量多，但是结构复杂，容易出现故障。

葛拉克 18 或者贝瑞塔 M92 等全自动手枪使用的是加长版的盒型弹匣，这些手枪本身的弹容量就能达到 20 发，使用加长的弹匣以后可以容纳 40~50 发子弹。

美国卡利柯公司生产的 9 毫米卡利柯 M950 冲锋手枪虽然已经不是传统意义上的手枪，但是其设计理念非常值得借鉴。卡利柯 M950 采用螺旋型弹匣供弹，利用弹簧的推力，一边旋转一边送出弹药，总共能容纳 50~100 发子弹。

手枪的特殊弹匣

手枪虽然小型，但是也有着弹容量小的缺点

特殊弹匣

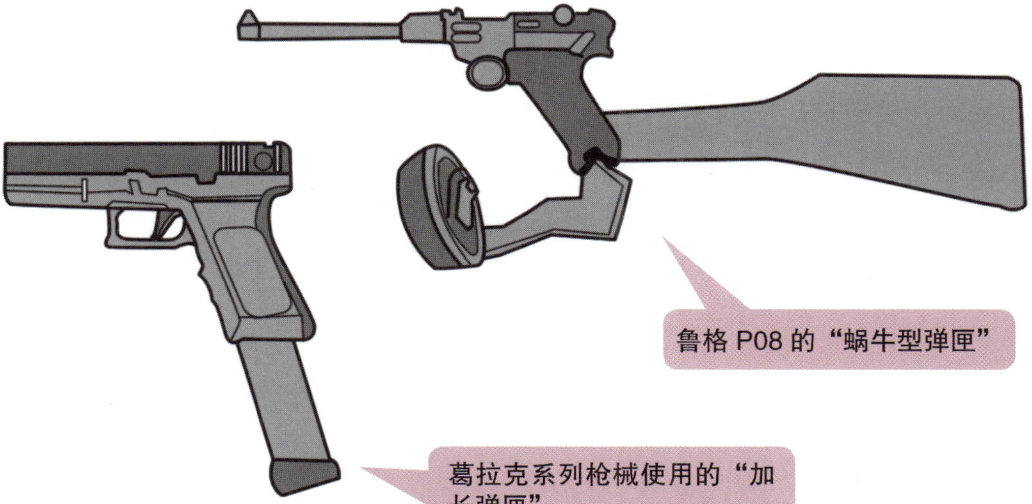

特殊枪械使用的专用弹匣

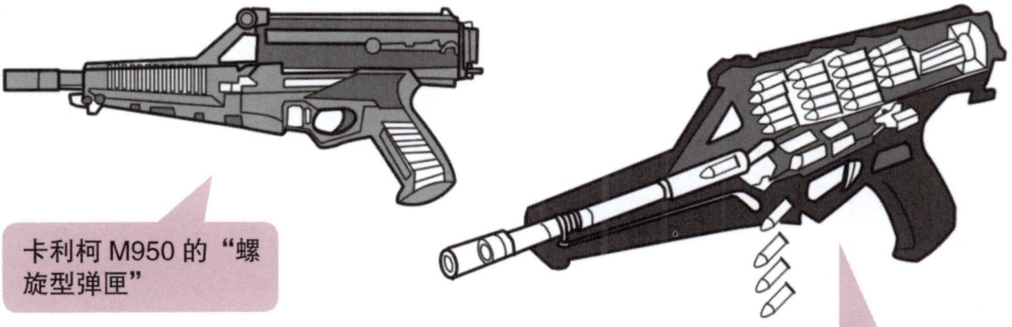

也有不少专门针对特殊场所的枪战等“特殊需要”而开发的弹匣

No.080 原厂弹药和复装弹药有什么不同

生产厂商制造的正规弹药称为“原厂弹药（Factory Load）”，与之相对的是使用者自行装填火药的“复装弹药（Reloading）”。

复装弹药需要注意的事项

弹药是枪械必不可少的消耗品。由于补充消耗品需要一笔不小的经费，因此有人尝试把使用过的空弹壳回收再利用，这种自己手动装填的弹药称为复装弹药，或者自制弹药。这种做法与钢笔用完墨水以后再次吸墨水有异曲同工之处。

原厂弹药虽然性能稳定但是价位也比较高，而回收再利用的复装子弹虽然价格便宜，但是可能会出现故障。

复装弹药的弹头与发射火药是由使用者自行决定的，可以根据使用目的自由制作自己想要的弹药，但是也可能会因为某些失误而发生意外。比如不小心弄错发射火药的种类或者发射火药的分量。

手枪的枪管比较短，因此使用燃烧迅速的速燃火药；步枪的枪管较长，使用的是燃烧速度较慢的缓燃火药。如果在步枪子弹中装入了速燃火药的话，发射气体在把弹头推出枪管之前就会用完；相反，如果在手枪子弹中使用缓燃火药的话，在子弹发射出去以后还会残留火药。

因此，在称量火药的时候要十分细心，避免发生失误。尤其手枪子弹的弹壳容量比较小，只需要很少的速燃火药即可，常常要反复装填两三次才达到标准。步枪子弹所用的发射火药一般是装满弹壳为止。

虽然使用复装弹药能够节约成本，但是因为稳定性不高，警方和军队在原则上都是使用原厂弹药的。

复装弹药的注意事项

原厂弹药

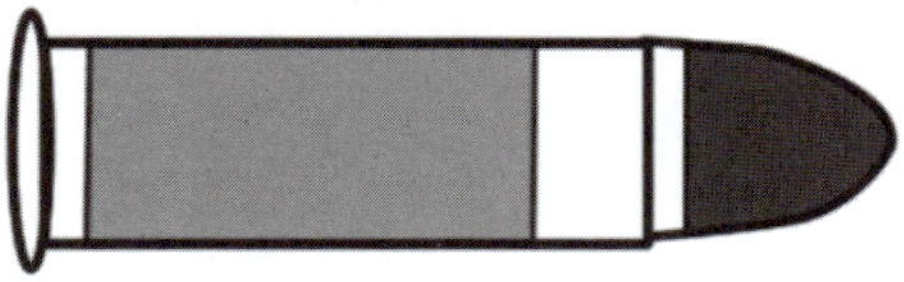

生产厂商制造的正规弹药

复装弹药

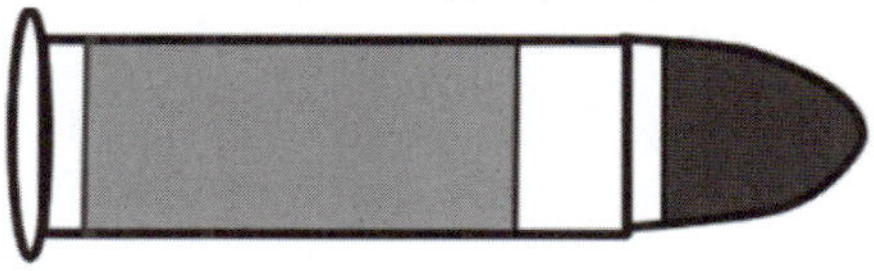

使用者自行安装弹头、装填火药的弹药

从外表是无法分辨的

装填发射火药时需要注意的事项

不能弄错发射火药的种类

速燃火药 = 燃烧速度快，通常是手枪子弹使用

缓燃火药 = 燃烧速度慢，一般是步枪子弹使用的

不能弄错发射火药的分量

Double Charge= 装填正常量的 2 倍火药

Triple Charge= 装填正常量的 3 倍火药

增加了火药量的弹药称为“强装弹”

发射火药的种类和分量弄错的话

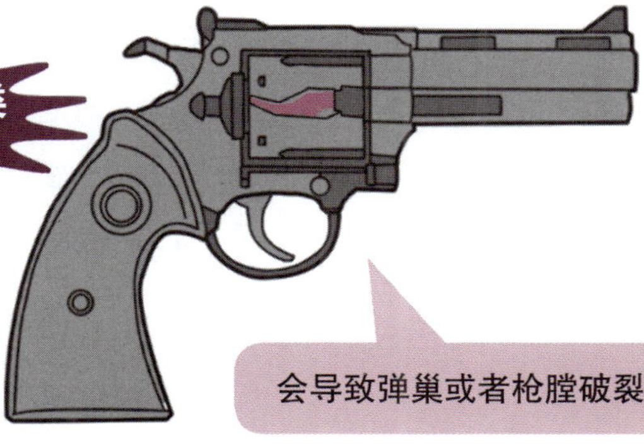

会导致弹巢或者枪膛破裂，甚至会伤及使用者

No.081 枪械工匠

枪械工匠的主要工作是枪械的加工或者调整，并不是直接手工制造枪械。

Gunsmith

Smith 在英语中是工匠的意思，比如 Locksmith 是锁匠，Gunsmith 的意思自然就是枪械工匠。枪械工匠是在接受委托人的要求以后，给枪械装上一些能够提高性能的零件或者进行高精度加工的专家。

枪械的可动部分大多是相互连接的，各个零件之间没有空隙，紧密的连接才能提高枪械的射击精度。有些军用枪械会故意在零件之间留出空隙，这是因为要考虑到灰尘进入枪机或者零件受到冲击而变形的情况，不得不牺牲一些精度。但是对于一些射击精度要求高的枪械，则需要由枪械工匠进行进一步加工和改进。

通常枪械工匠会对枪械的主要零件用细密的磨石或者锉刀进行打磨，把枪械分解开来逐个研磨，再重新组装在一起测试。反复进行这样的工作，直到各个零件之间的磨合达到最佳状态。

用来进行改造的枪械零件通常与正常的零件有所不同，有时候会故意做得稍大一些，这是为了给枪械工匠的打磨留有足够空间，从而制出精度更高的精密零件。

除了对枪械的内部零件进行加工以外，枪械工匠有时候还需要对枪械的外表进行加工。根据顾客的要求在枪械表面加装各种材质或者是扭曲、拉长，制成顾客想要的形状和外形。

在射击运动和狩猎比较盛行的地区，枪械工匠是一种非常受欢迎的职业。因为他们所制造的枪械往往是人们用来狩猎或者驱赶猛兽时必不可少的工具。想要成为枪械工匠的话，除了需要具备一定的枪械基础以外，还要接受专门的学习。一般会去专门的学校上课或者跟随熟练的枪械工匠学习技术。

枪械工匠

Gunsmith

接受委托人的要求，对枪械进行加工、调整的

Gunsmith 的主要工作

给枪械安装必要的零件

提高枪械零件的精度

根绝顾客的要求对枪械各部分进行更换或者加工

在射击运动盛行的地区（如美国）枪械工匠很受欢迎

调整、修理枪械是与生活息息相关的重要工作

想要成为枪械工匠的话

可以在一些民办的学校上课或者跟随熟练的枪械工匠学习

No.082 手枪的握把片能更换吗

手枪的握把部分，一般都会用两片木片或者塑料片夹住，这就是握把片。

握把片的功能

潜为了保证枪械的强度，枪械的零件基本都是用金属制作的。以前手枪的握把部分多是木制，但是因为自动手枪的握把当中要安装弹匣，已经和枪身一体化制作，因此必须采用金属制作。

但是如果直接握在坚硬的金属上面，开枪时的冲击会直接传递到手上，影响射击的精度。因此出现了安装在握把两侧的木片——握把片。

握把片是用螺丝固定在握把的左右两侧，可以根据用途的不同和使用者的个人喜好来更换。握把片上都刻有不同的花纹，可以防止手枪滑落（有些个人定制的手枪会使用象牙制的握把片，并不施加花纹）。

木制握把片的特点是容易雕刻花纹，吸汗性也比较强，不易滑落。但是缺点在于对温度、适度变化的适应力不足，比较容易裂开。后来塑料制的握把片成为主流，使用木制握把片的枪械慢慢减少了。

特种枪械的握把片大多都会采用橡胶制成，尤其是后座力强的手枪，使用橡胶制的握把片能很好地降低后座力。橡胶制成的握把片一般有两种，一种是与其他握把片一样固定在握把上，这种握把片厚度比较厚；另一种则是将较薄的橡胶片贴合在原本的握把片上。

握把片不仅是一种功能性的零件，还是持枪者个人特点的体现。有的人会选择定制不同色彩或者精心设计的握把片来表示自己对这把枪的所有权。

握把的功能和材质

手枪握把的功能

- 减轻部分直接传递给射手的后座力
- 保证握枪牢固，能够防滑

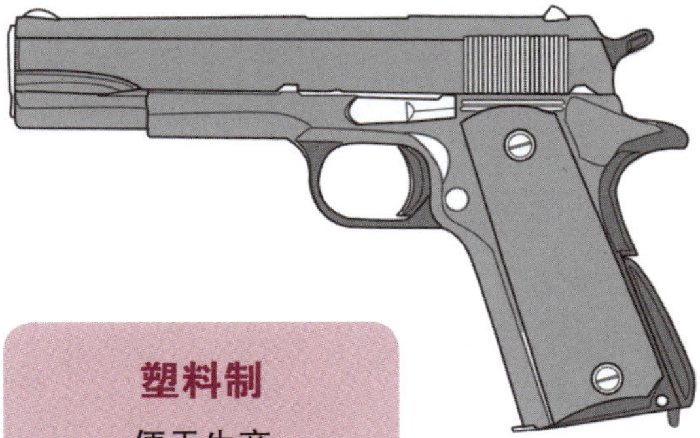

对于手枪而言，能够减轻部分后座力尤为重要

塑料制

便于生产

可以根据个人喜好更换握把

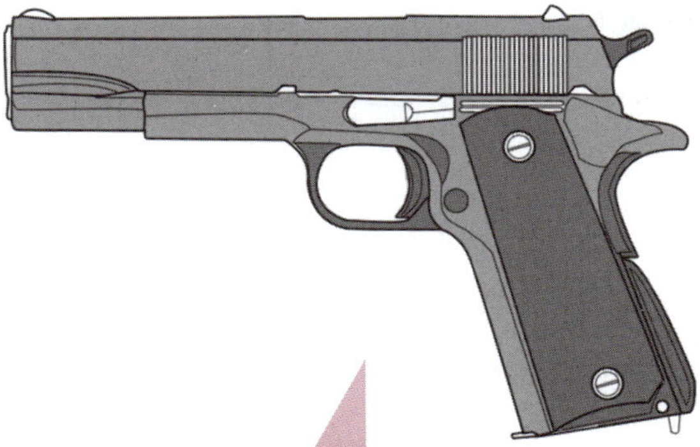

橡胶制

对于后座力吸收的能力强

木制

握起来舒适度高

使用强化塑料的突击步枪或者部分手枪，握把的部分是一体成型，不能拆卸更换

No.083 藏在握把中的激光瞄准器

激光瞄准器只要按下开关就能发出激光光线，帮助射手确定射击的部位。

激光瞄准器的革命——握把激光瞄准具

在20世纪80年代，激光瞄准器得到了普及。电影《铁胆威龙》中西尔维斯特·史泰龙所饰演的干探哥比提手中的SMG冲锋枪、《终结者》中阿诺德·施瓦辛格饰演的改造人手中的自动手枪都装有激光瞄准器，红色的激光射线令人印象深刻。但是当时所使用的激光瞄准器不仅尺寸较大，而且出现故障的几率也很高。

随着科技的进步，激光瞄准器也开始日益小型化，原本如手电筒般大小的外形已经缩小的与电池差不多。随着底座规格的统一，军队和警方都开始大量使用激光瞄准器，发展出了种类繁多、大小不同，形状各异的激光瞄准器。

但是这并不意味着激光瞄准器的进化已经结束，现在已经出现了一些具有革命性的新产品，将小型化的激光瞄准器隐藏在手枪握把中的“握把激光瞄准具”。

在握把激光瞄准具出现以前，激光瞄准器一般都是安装在枪管上方或者下方的，无法把手枪放在一般的枪套当中。而使用握把激光瞄准具的话，就能直接把枪放在一般的枪套中。

从构造上来看，要把握把激光瞄准具安装在手枪上需要一种转接式的橡胶套，通常这种橡胶套只适用于特定的型号，不过由于橡胶套造价低廉，可以根据装备的枪械批量定做。这种瞄准具的开关就在握把附近，使用手指就可以轻松操作，并且不需要太长的线路，故障率也降低了。

不同位置的激光瞄准器

早期的激光瞄准器

外形比较大，线路故障、电池没电、机械等方面的故障不少

战术手枪

一般是与手电筒组合起来，安装在枪身下方的底座上

握把激光瞄准具

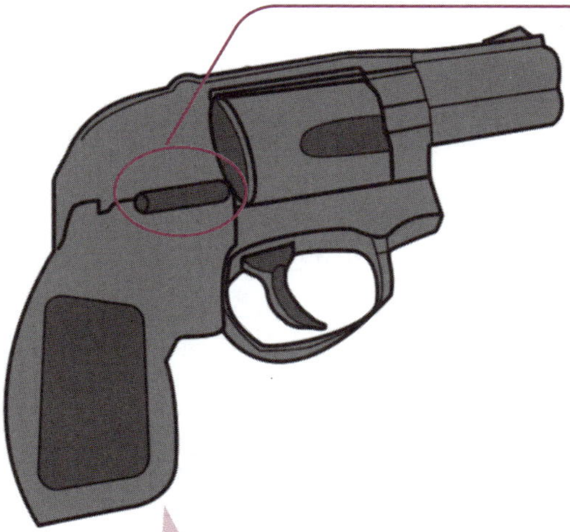

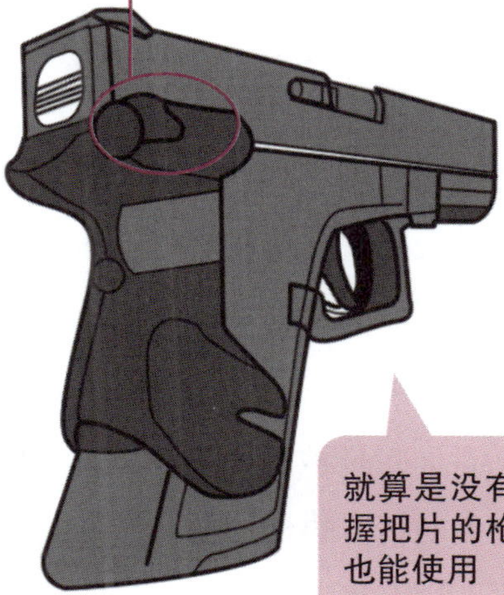

优点

- 手枪仍然可以放进一般的枪套中
- 不需要底座
- 不会破坏枪的平衡感

No.084 枪械的刻花

许多枪械上都刻有非常精美的刻花，尤其是手枪，这些花纹令原本单调的枪械变得华美异常。

华丽的刻花有什么用？

“刻花（Engraved）”是指雕刻在枪身上的各种精心设计的花纹，给枪伤雕刻华丽的花纹看似没有多大用处，其实能给以实用性为主的枪械带来艺术品般的价值。

原本纯粹用金属制成的枪械看起来非常单调，加上了刻花以后枪械看起来非常华美。枪械的刻花与握把片上用来防滑的纹路不同，并不能对枪械的实际性能带来任何影响，并没有什么实用性，最多是满足使用者的虚荣心或者提高枪械的收藏价值。

以前的一些老式枪械，尤其是打猎用的霰弹枪，都会雕刻有非常精美的刻花。这是因为在过去，狩猎是贵族们非常钟爱的一种休闲活动，因此就连猎枪也会施以精美的装饰来显示自己的身份地位，而刻花则正是这种把自我的表现欲望具体化的行为。

现在，依然有人为了追求枪械的艺术感而专门向枪械工匠定制，无论是枪械的材质还是枪身的刻花，都是枪械工匠专门设计、手工打造的高级品，制作时间和费用都非常高，因此也具有相当高的收藏价值。这种枪一般都是某些人为了炫耀自己武力或者是赠送给立下战功的人作为嘉奖之用。

除枪械的金属部以外，有一些特制的枪械也会在木制的枪托或者握把上雕刻精美的刻花。

有刻花的枪很少被当作武器使用，更多的是作为收藏品保存起来。比如第二次世界大战时德国元帅戈林所持有的黄金鲁格就是这样一把枪。

枪械的刻花

在枪身上进行雕刻

很耗时间 费用很高

与枪械本身的性能并没有关系

大多是作为炫耀的用途

例如

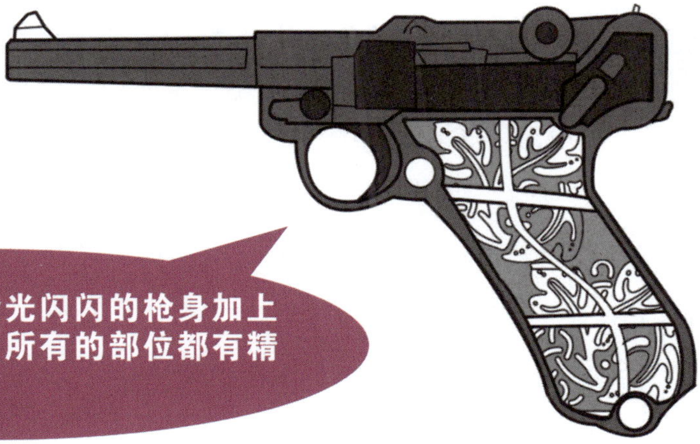

这把黄金鲁格，金光闪闪的枪身加上精致的象牙握把，所有的部位都有精美的刻花

刻花不局限于枪身，木制的枪托或者护木上也会有刻花

No.085 射击场

在用枪进行射击以前，必须要提前了解自己的枪用起来是什么感觉，但是并不是哪里都可以开枪射击的。

专门练习射击的场所

专门练习射击的场所就是射击场（Shooting Range）。有一些射击场会提供专门的枪给顾客使用，但是也允许顾客自己带着自己的枪去练习。根据环境的不同分为室内和室外射击场。手枪通常是在室内射击场进行练习，步枪或者霰弹枪等大多是在室外射击场练习。

练习射击时使用的标靶分为金属制和纸制。金属制的称为“金属靶（Steel Plat）”，厚度约 1 厘米，圆形靶的直径约为 25~30 厘米左右。普通的手枪子弹无法贯穿，如果是麦格农弹等大威力弹药的话会凹陷，要是用步枪的话则能够轻易贯穿。由于碎裂的弹头可能乱飞称为跳弹，所以在室内射击场使用的大多都是纸制标靶。

在多人同时使用的射击场，为了防止空弹壳或者发射气体影响到其他人，通常会采用隔间构造（Booth）。隔间中设有高度及腰的桌子，用来放置枪、弹药、备用靶纸等东西。

由于射手的心理状况对射击时的命中率影响很大，因此并不能准确测试出枪械的性能。想要排除一切人为因素，纯粹了解枪械本身的性能时，可以使用一种叫做 Ransom Rest 的工具来观察子弹命中的情况。用 Ransom Rest 固定住手枪弹握把，拉动操纵杆就可以扣下扳机，用机械射击的方式来确定枪械的性能优秀与否。

在射击场进行射击练习的时候，会被要求带上护目镜和耳罩，一方面是为了保护射手，另一方面也是在射击场射击时应有的礼貌。

射击场和射击练习

对于新枪或者特制的枪械，需要在射击场测试它们的命中精度以及是否合用

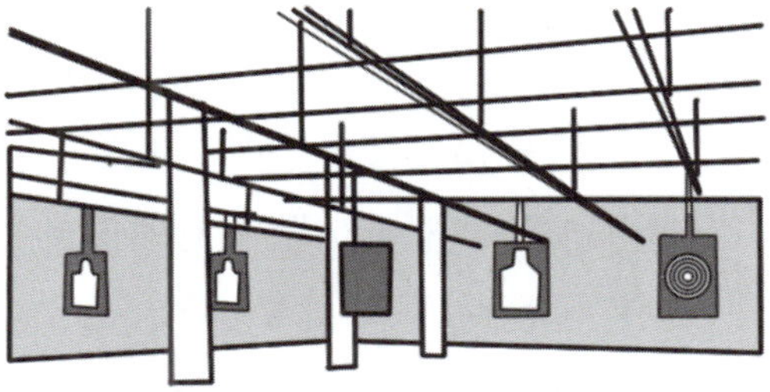

测试枪械性能时使用的 Ransom Rest

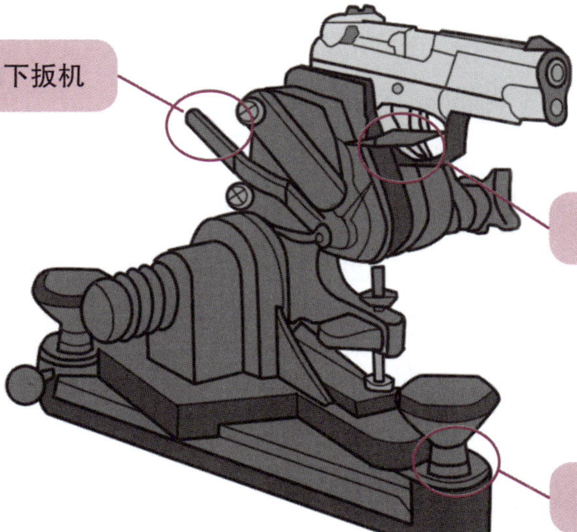

无论怎样固定，弹药的落点也不会是同一个地方

No.086 枪械的润滑油和黄油有什么特别之处吗

想要时刻让枪械保持在最佳状态,平时的保养是不可或缺的,在使用以后要及时清洁。

常见的保养用品

保养枪械需要许多的工具和材料，一般人们的印象中首先会想到的就是润滑油或者黄油等用来润滑的油脂类产品。

枪械使用的润滑油与我们日常所见的润滑油并没有什么不同，里面也没有添加什么能够清除火药残渣的特殊成分，就算是使用日常的润滑油也能用来保养枪械。

润滑油一般液状或者喷雾状两种。前者在使用以后可以制造出一层油膜，把可能导致枪械生锈的水和氧气阻隔起来；后者则主要用于清洁，分离残留的水分时效果非常明显。

液态的润滑油加上增稠剂以后会变成粘度很高的黄油，黄油是一种膏状物，不会像液体润滑油一样流动。一般在润滑机匣内部的零件时使用，使用方法是把各个零件分解以后均匀地涂在上面。

并不是所有的部位的保养都能用润滑油等油脂来解决，某些专门的部位要使用专门清洁用品才行。比如清洁枪管内部时需要使用能够溶解污垢的发泡式清洁剂，这种清洁剂能够清除枪管中的残留火药或者灰尘，但是不会腐蚀到枪管内的膛线；在对机匣内部的零件进行防锈保养时会使用一种叫做“Mag Slick”的非油性枪械防护剂。

给枪械上了太多油的话反而会更加容易沾染灰尘或者其他脏东西，因此在保养完毕以后要把多余的油脂擦掉。另外，用来保养枪械的化学品通常对人都没有好处，有的甚至会有明显的毒性。因此，在进行保养的时候最好在宽敞通风的地方进行。

润滑油和黄油

枪械的保养和维护时常常使用油脂类产品，一般的机械用润滑油也可以

润滑油

液状的润滑剂。原料成分主要有矿物油、植物油、动物油、合成油等

喷雾式润滑油

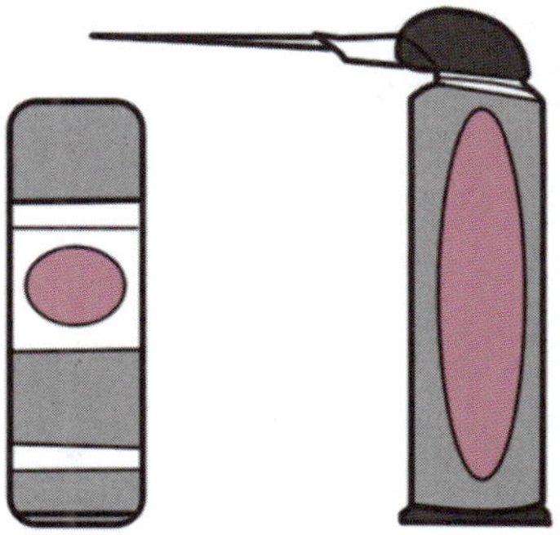

喷雾式润滑油的黏性低，容易渗入零件中，但容易沾到其他地方

黄油

膏状的润滑剂。在润滑油中加入增稠剂而成，不容易流到其他地方

不过保养重要部分时最好使用专用的清洁用品

发泡式清洁剂

用来清洁枪管内部的清洁剂

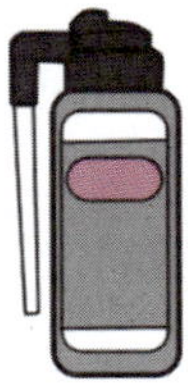

Mag Slick

非油性的防锈剂

No.087 子弹能使用烟火的火药吗

烟火在点火以后也能在火药的作用下飞上天，那么烟火中的火药能装在子弹中作为发射火药吗?

截然不同的东西

子弹中装填的发射火药与发射烟火所用的火药是截然不同的东西。通过燃烧产生子弹飞行所需能量的燃料，在日常生活中称为“火药”，专门用语是“发射火药”。发射火药是火药的一种，不像其他火药那么容易爆炸，而是通过相对缓慢地燃烧提供子弹飞行所需要的能量。

相对而言，烟火所使用的火药属于“炸药”，会以比发射火药剧烈许多的速度燃烧，同时伴随着冲击，也就是我们通常所说的“爆炸”。

子弹的弹壳和枪械的枪膛都不是为了承受爆炸的冲击力而设计的，因此如果把烟火用的炸药装填在弹壳中制成子弹的话，会在射击时发生爆炸，出现“炸膛”的情况。

就算是普通的发射火药，也可能会因为一些意外情况导致成分变异，变成危险品。原本发射火药是用硝化棉系列的炸药为基础，加上稠化剂增加其稳定性而成的。其种类和使用分量会根据环境和用途的不同而变化。比如在热带使用的弹药，如果其设计规格并没有考虑的极低气温的话，再拿到极寒地区使用，稠化剂会发生变质，在发射时可能会产生爆炸。

只要不出现这些特殊的情况和环境，一般子弹所用的发射火药分量再多，也不会爆炸。当然，由于发射火药本身是易燃物，所以分量多的时候会燃烧得很旺盛，但是也不可能产生像炸药一般的爆炸威力。在有些电影中，有人把数发子弹的火药集中起来制成手榴弹的情况是不可能发生的。

非常危险，不能替换

子弹所用的火药与烟火所用的火药是截然不同的种类

子弹所用的火药是

通过相对缓慢的速度燃烧来产生压力的“发射火药”

烟火所用的火药是

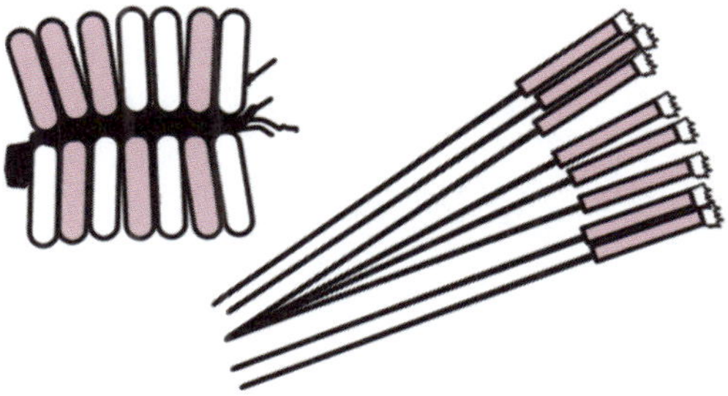

剧烈燃烧产生冲击力的“炸药”

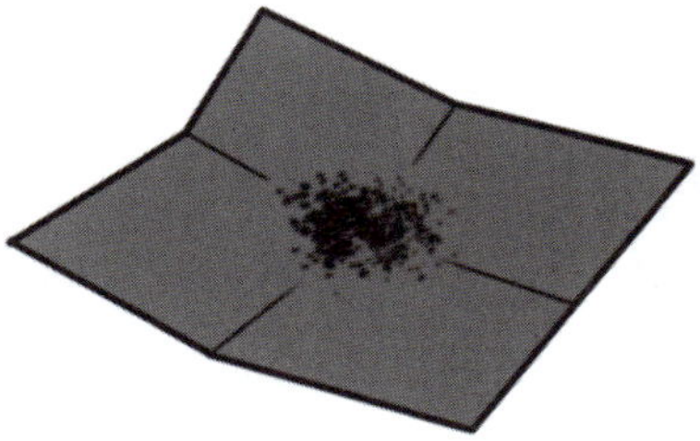

如果把烟火使用的火药

↓

装入弹壳中的话

↓

不仅无法发射子弹，会连弹壳、手枪一起爆炸

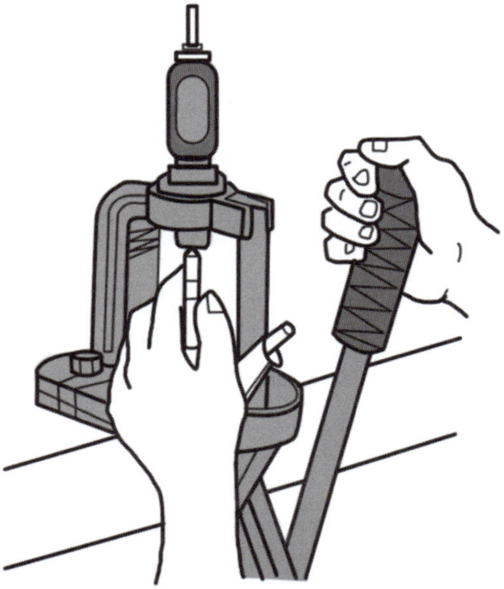

No.088 银色的枪更贵吗

大多数枪的颜色都是类似于钢铁的“黑色系”，也有一些看起来好像更加高级的银色的枪。

“黑色”和“银色”枪的差别

银色的枪的确要比一般的枪要贵一些，但是这不是因为它采用了什么贵金属，而是因为银色的枪是用不锈钢制成的。不锈钢强度较强而且不易生锈，保养简单，是一种非常适合用来制枪的材质，但是因为加工比较困难，所以价格相对要高一些。还有一种银色的枪是用铝合金制成的，重量很轻，但是强度则不到钢制枪的 1/3，只能用作小口径的备用武器使用。有一些没有经过热处理的铁制枪，原本是粗制滥造的伪劣产品，会在枪身上镀银来冒充其他材质。

一般的枪大多都是采用钢制，钢制的枪械要比不锈钢的便宜一些，但是为了防锈要进行“发蓝处理”。所谓发蓝，是将钢在空气中加热或直接浸于浓氧化性溶液中，使其表面产生极薄的氧化物膜的材料保护技术，也称发黑。

使用多种材质制成的枪称为“混合枪身”。一般采用混合枪身的枪无非有两种可能性：一种是原计划采用不锈钢制，无奈因为预算的问题而不得不妥协，改为混合材质；另一种是为了外表美观，从一开始就设计为混合枪身。

近年来以强化塑料等材质制作的“聚合物制”枪身可以说是现在枪械的主流。塑料材质重量又轻，又拥有足够的强度，而且不会生锈。这种枪在制造的时候都是采用一体成型，比使用金属切割工艺制造的枪要便宜很多。还有一些用黄金或者其他特殊材质制成枪，不过大多都是收藏家用来收藏或者特工在执行某些特殊任务时使用的。

手枪的材质

根据用途的不同，选用不同的材质制作

钢制

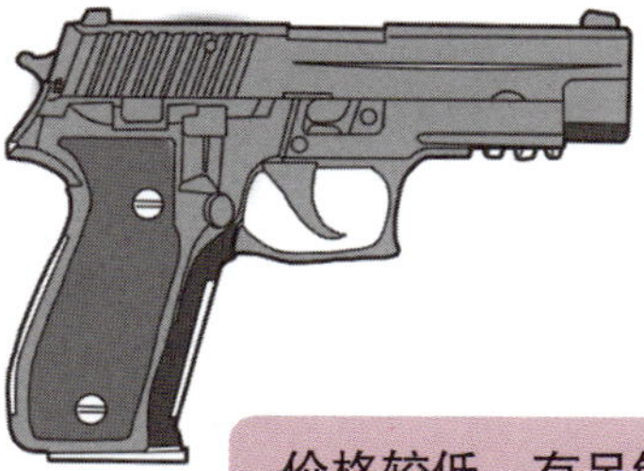

价格较低，有足够的强度

不锈钢制

不容易生锈，造价昂贵

混合枪身

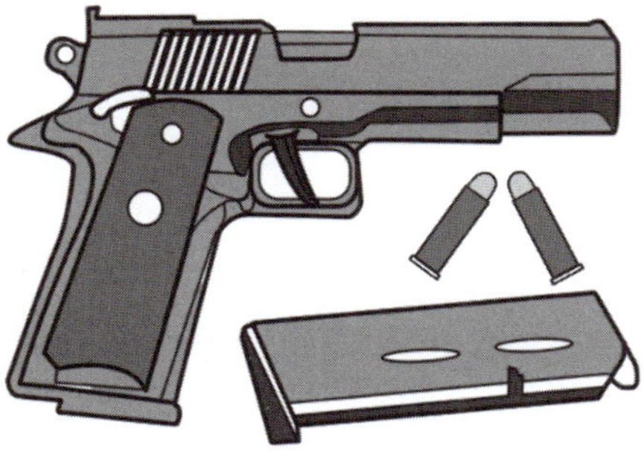

由多种材质组合制成，一般是预算与性能的妥协产物

聚合物制

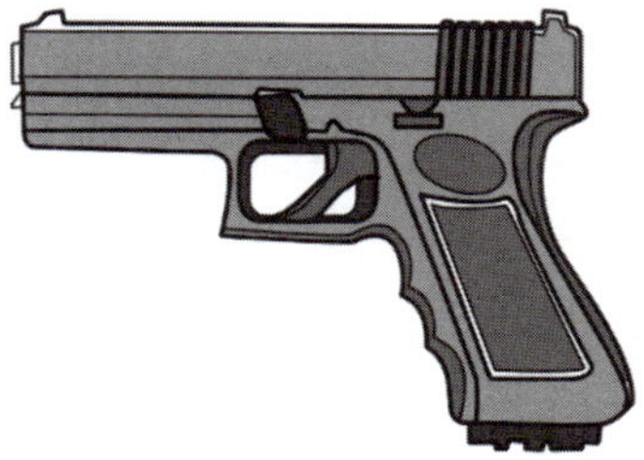

重量轻、强度够、不会生锈、价格便宜

特殊材料制成的枪身

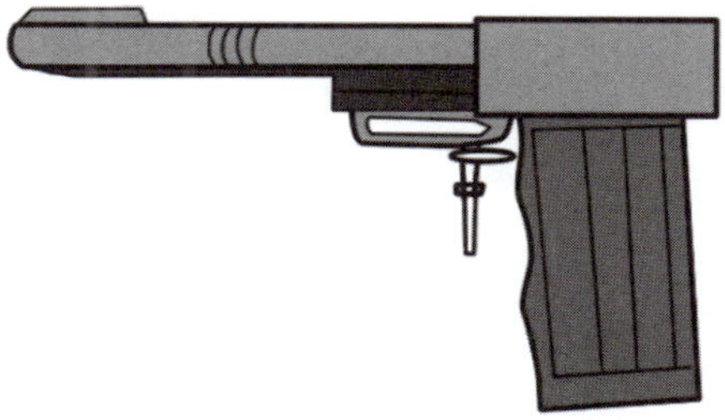

适合收藏家或者特工使用